理工系の 基礎数学

硲野敏博 著

学術図書出版社

まえがき

　社会の多様化にともない高等学校での数学の学習は，様々な進路に応じて学習内容が選択できるようになっています．その結果，大学に入学した学生の間では，高校での数学の履修状況によって，数学に対する知識・理解度および計算力などに大きな差がみられます．

　本書は，高校の専門学科の卒業生，および高校で数学 III などの科目を履修してこなかった学生，さらには数学 I 程度の数学しか学習してこなかった学生が，大学理工系に入学後，数学の講義 (とくに微分積分学の講義) を受けるに当たっての予備知識を補うために書かれたものです．自習書としても使えることはもちろんのこと，大学での補習用の講義の補助テキストとして使用できるように書かれています．そのため基本的な例題の解説を詳しくして，演習問題を数多くとりいれました．そして，それらにていねいな解答をつけました．自習するときは，はじめから順に勉強する必要がなく，高校までの数学に対する習熟度に応じて，知りたいところだけ勉強すればよいかたちで書かれています．

　出版にあたって，お世話になりました学術図書出版社の発田孝夫氏，杉浦幹男氏はじめ編集部の方々にお礼申し上げます．

2007 年 10 月

著者

目　次

第 1 章　式の展開 ... 1

第 2 章　多項式と割り算 ... 5

第 3 章　因数分解 ... 9

第 4 章　分数式 ... 14

第 5 章　根号のある式 ... 19

第 6 章　関数とグラフ ... 21

第 7 章　2 次曲線 ... 27

第 8 章　数列と級数 ... 35

第 9 章　極限 ... 41

第 10 章　指数と指数関数 ... 47

第 11 章　対数と対数関数 ... 52

第 12 章　3 角関数 ... 57

第 13 章　微分 I ... 66

第 14 章　微分 II ... 71

第 15 章　積分 ... 76

第 16 章　複素数	**84**
練習問題の解答	**89**
索引	**120**

1　式の展開

　$3x^2+x-2$, $a^2+3ab-5b+1$ のように数や文字に，足し算・引き算・掛け算を何回か組み合わせてできる式を多項式 (または整式) という．また，$2xy$, $-3a^2$ のように項が 1 つの多項式を単項式ということがあるが，本書では単項式もあわせて多項式という．

　多項式の展開 (カッコをはずすこと) の基本は次の分配法則である．

分配法則

$$A(B+C) = AB + AC$$

$$(A+B)C = AC + BC$$

例題1　$A = 2x^3 - 3x^2 - 4x + 1$, $B = x^3 + 5x^2 + x - 3$ のとき，次の式を計算せよ．
(1) $A + B$　　(2) $2A - B$

解　(1)　$A + B = (2x^3 - 3x^2 - 4x + 1) + (x^3 + 5x^2 + x - 3)$
$= (2+1)x^3 + (-3+5)x^2 + (-4+1)x + (1-3)$
$= 3x^3 + 2x^2 - 3x - 2$

(2)　$2A - B = 2(2x^3 - 3x^2 - 4x + 1) - (x^3 + 5x^2 + x - 3)$
$= 4x^3 - 6x^2 - 8x + 2 - x^3 - 5x^2 - x + 3$
$= 3x^3 - 11x^2 - 9x + 5$

例題 2 次の式を展開せよ．
  (1) $(x^2+3)(2x-1)$ (2) $(a^2+ab+b^2)(a^2-ab+b^2)$

解 (1) $(x^2+3)(2x-1) = x^2(2x-1) + 3(2x-1) = 2x^3 - x^2 + 6x - 3$

実際は，$(x^2+3)(2x-1) = 2x^3 - x^2 + 6x - 3$ のように計算する．

(2) $(a^2+ab+b^2)(a^2-ab+b^2)$

$$= a^4 - a^3b + a^2b^2 + a^3b - a^2b^2 + ab^3 + a^2b^2 - ab^3 + b^4$$
$$= a^4 + a^2b^2 + b^4$$

分配法則を繰り返し使うことにより，次の展開式が得られる．
$$(a+b)^2 = a^2 + 2ab + b^2$$
$$(a+b)^3 = a^3 + 3a^2b + 3ab^2 + b^3$$

さらに，下図のように係数を配列していけば，もっと高次の展開式の係数 (2 項係数という) も順に得られる．

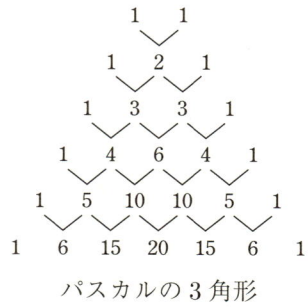

パスカルの 3 角形

たとえば，$(a+b)^5 = a^5 + 5a^4b + 10a^3b^2 + 10a^2b^3 + 5ab^4 + b^5$

例題 3 次の式を展開せよ．

(1) $(3x+1)^3$ (2) $(a-2b)^4$

解 (1) $(3x+1)^3 = (3x)^3 + 3(3x)^2 + 3(3x) + 1 = 27x^3 + 27x^2 + 9x + 1$

(2) $(a-2b)^4 = a^4 + 4a^3(-2b) + 6a^2(-2b)^2 + 4a(-2b)^3 + (-2b)^4$

$= a^4 - 8a^3b + 24a^2b^2 - 32ab^3 + 16b^4$

練習問題 1

1. 次の式をカッコを含まない簡単な式にせよ．

(1) $3(a+b) - 2(a-2b)$

(2) $3x - 2\{5x - 2(3x-6)\}$

(3) $10a - \{3a + 5 - (a-3) - (-2a-4)\}$

(4) $(2a-3b) - 3(6a-2b) + 7(2a-b)$

(5) $2(3A - 2B + C) - 5(A + 4B - 3C) + 3(3A + 7B)$

2. 次の各組で 2 式の和を計算せよ．また，左の式から右の式をひけ．

(1) $3x^2 + 2x + 4$, $-x^2 + 7x - 3$

(2) $x^2 + 3x^2y - xy^2$, $-x^2 + x^2y + 4xy^2 - y^2$

(3) $\dfrac{1}{2}x^2 + \dfrac{1}{3}xy - x + \dfrac{2}{3}y + 1$, $\dfrac{1}{3}x^2 - \dfrac{1}{2}xy + \dfrac{1}{2}x + y$

(4) $p^3 + 4q^3 - 3p^2 + pq + 5q$, $-3p^3 + 2q^3 - q^2 - 3pq + 2p$

3. $A = x^2 + 3x - 1$, $B = 2x^3 + 4x + 3$, $C = -x^3 + 5x^2 - 2x + 1$ のとき，次を計算せよ．

(1) $A + B + C$ (2) $B - A - C$

(3) $A - (B + 2C)$ (4) $2(A - B + C) - 3(A + 2C)$

(5) $-\{2(2A - B) + 3C\} + 4(A - B + 2C)$

4. $A = 2x - 1$, $B = x^2 + 3x - 2$ のとき，次を計算せよ．

(1) AB (2) $3A^2 + B^2$ (3) $A(A + 2B)$

(4) $(A - B)^2$ (5) $(A + B)^3$ (6) $A^4 - B^2$

5. 次の式を計算せよ．

(1) $(-2a^2b)^2$ (2) $(3xy^2) \times (4x^2y)$
(3) $(x^2)^3 \times (-xy)^2 \times y^2$ (4) $(-ab)^2(-3a^4b)$
(5) $(-3x^2y^3z)(2xyz^2)^3$ (6) $(-ab^3)^3(-2ab)^4(a^2b)^2$

6. 次の式を展開せよ．

(1) $(x-4)(x+7)$ (2) $(3a-2b)^2$
(3) $(2x+3)(2x-3)$ (4) $(2x-y)(x+5y)$
(5) $(1-x)(1+x+x^2)$ (6) $(x+5)(2x^2-3x+1)$
(7) $(x-1)(x-2)(x-3)$ (8) $(a-b+c)^2$
(9) $x^2(x+3)(x^2+7x+2)$ (10) $(x+y-z)(x-y+z)$
(11) $(2t^2-t+3)(t^2+4t-1)$ (12) $(x-y)(x+y)(x^2+y^2)$
(13) $(-p+3q)^3$ (14) $(x+5)^3(x+1)$
(15) $(a-b)(b-c)(c-a)$ (16) $(u-v)(u+v)^3(u^2+v^2)$
(17) $(a+b)^3(a-b)^3$ (18) $(a+b+2c)^3$
(19) $(a+b+c)(a^2+b^2+c^2-ab-bc-ca)$

7. 次の式を展開して整理せよ．

(1) $(x+y)^2 - x(x-y)$ (2) $(x+y)^2 - (x-y)^2$
(3) $(a+b+c)^2 - (a-b+c)^2$ (4) $(x-y)^3 - (x+y)^3$
(5) $(2x-3)(3x+2) - x(6x-5)$
(6) $(x^2-y)^2(x+y^2)^2 + (x-y^2)^2(x^2+y)^2$

8. パスカルの3角形を用いて，次の式を展開せよ．

(1) $(x+2y)^4$ (2) $(3a-b)^5$
(3) $(a+2b)^4(a-2b)^4$ (4) $(a+b+c)^4$
(5) $(x-y)^7$ (6) $(x+1)^8$

2 多項式と割り算

整数 a を整数 $b\,(\neq 0)$ で割った商を q, 余りを r とすれば
$$a = bq + r \quad (0 \leqq r < b)$$
が成り立つ.

多項式どうしで割り算をする場合でも, 同様に

多項式の割り算の等式
A を B で割った商を Q, 余りを R とすれば
$$A = BQ + R \quad (R\text{の次数} < B\text{の次数, または } R = 0)$$

とくに, B が 1 次式 $x-a$ であれば

剰余定理
x の多項式 $f(x)$ を 1 次式 $x-a$ で割ったときは, 余りは $f(a)$ で
$$f(x) = (x-a)g(x) + f(a)$$

多項式の割り算の等式で, $R=0$ すなわち $A = BQ$ が成り立つとき, 数の場合と同様に, B を A の約数, A は B の倍数という. また公約数, 最大公約数なども数と同様に定義される. 多項式の場合は, 公約数の代わりに公約多項式などということもある.

例題1 (1) $2x^4 - x^2 + 3x + 1$ を $x^2 + x - 2$ で割ったときの商と余りを求めよ.
(2) x の多項式を $2x^2 + 1$ で割ったときの商が $x^3 - x + 1$ で, 余りが $x + 3$

であるという．もとの多項式を求めよ．

解 (1) 数のときと同じように割り算をする．

$$
\begin{array}{r}
2x^2-2x+5 \\
x^2+x-2\overline{\smash{\big)}\,2x^4-x^2+3x+1} \\
\underline{2x^4+2x^3-4x^2} \\
-2x^3+3x^2+3x \\
\underline{-2x^3-2x^2+4x} \\
5x^2-x+1 \\
\underline{5x^2+5x-10} \\
-6x+11
\end{array}
$$

······ $(x^2+x-2)\times 2x^2$

······ $(x^2+x-2)\times(-2x)$

······ $(x^2+x-2)\times 5$

よって，商は $2x^2-2x+5$，余りは $-6x+11$．

(2) 割り算の等式において，$B=2x^2+1$, $Q=x^3-x+1$, $R=x+3$ であるから
$$BQ+R=(2x^2+1)(x^3-x+1)+x+3=2x^5-x^3+2x^2+4.$$
すなわち，求める多項式は $2x^5-x^3+2x^2+4$．

例題2 次の第1式を第2式で割ったときの余りを求めよ．
  (1) $x^5+2x^2+4,\quad x+1$ (2) $4x^3-11x+3,\quad 2x-3$

解 (1) $f(x)=x^5+2x^2+4$ とおく．剰余定理から，余りは $f(-1)=-1+2+4=5$．
(2) $f(x)=4x^3-11x+3$ とおくと，余りは $f\left(\dfrac{3}{2}\right)=4\left(\dfrac{3}{2}\right)^3-11\times\dfrac{3}{2}+3=0$．

a,b を整数とするとき，割り算の等式 $a=bq+r$ $(0\leqq r<b)$ から

$$(a\text{ と }b\text{ の最大公約数})=(b\text{ と }r\text{ の最大公約数})$$

が成り立つ．このことを繰り返して，a と b の最大公約数を求めることができる．最大公約数を求めるこの方法をユークリッドの互除法という．同じことを多項式 A,B に適用して，数の場合と同様に A と B の最大公約数が計算できる．

数でも多項式でも，A と B の最大公約数を (A,B) で表す．

例題 3 ユークリッドの互除法を用いて，次のそれぞれの最大公約数を求めよ．

(1) 2193, 986　　　(2) $x^3 - 4x^2 + 4x - 1$, $x^2 + 5x - 6$

解

(1) $\quad 2193 = 986 \times 2 + 221$
$\quad\quad 986 = 221 \times 4 + 102$
$\quad\quad 221 = 102 \times 2 + 17$
$\quad\quad 102 = 17 \times 6 + 0$
よって，$(2193, 986) = (986, 221)$
$\quad\quad = (221, 102) = (102, 17) = 17$

4	986	2193	2
	884	1972	
6	102	221	2
	102	204	
	0	17	

(2) $\quad x^3 - 4x^2 + 4x - 1 = (x^2 + 5x - 6)(x - 9) + 55(x - 1)$
$\quad\quad x^2 + 5x - 6 = (x - 1)(x + 6) + 0$

よって，最大公約数は $x - 1$．

x	$x^2 + 5x - 6$	$x^3 - 4x^2 + 4x - 1$	x
	$x^2 - x$	$x^3 + 5x^2 - 6x$	
6	$)\ 6x - 6$	$-9x^2 + 10x - 1$	-9
	$x - 1$	$-9x^2 - 45x + 54$	
		$55\quad)\quad 55x - 55$	
		$x - 1$	

練習問題 2

1. 次の式を計算せよ．

(1) $\quad a^6 b^4 \div 2a^3 b$　　　(2) $\quad x^3 y^7 z^5 \div xy^4 z^3$

(3) $\quad 8x^3 y^5 \div (-2xy^2)^2$　　　(4) $\quad 3a^5 b^4 \div 2a^2 b \div ab^2$

(5) $\quad (8a^3 b^3 - 4a^5 b^4 + 12a^3 b^5) \div (-2a^2 b^3)$

2. 次の多項式 A を B で割ったときの商と余りを求めよ．

(1) $A = x^2 + 3x + 3$, $B = x^2$

(2) $A = 2x^3 - x^2 + 5x - 1$, $B = x^2 + 1$

(3) $A = a^3 + a^2 b - ab^2 - b^3$, $B = a - b$

(4) $A = x^4 + 7x^3 - 34x$, $B = x^2 - 3x + 1$

(5) $A = 4t^4 + t^3 + 2t^2 - 6t - 1$, $B = 2t^2 + 1$

3. 次の A を B で割ったときの余りを，剰余定理を用いて求めよ．
(1) $A = x^2 + 7x - 10$, $B = x - 3$
(2) $A = x^3 + 2x^2 - 9x + 13$, $B = x + 5$
(3) $A = 2t^3 - 51t + 23$, $B = t - 4$
(4) $A = 3u^3 + 7u^2 + 9u - 10$, $B = 3u - 2$

4. 次の多項式 P を求めよ．
(1) P を $2x^2 + x - 4$ で割ると，商が $2x + 1$，余りが $x - 1$ である．
(2) $x^3 - 3x^2 + 3x - 4$ を P で割ると，商が $x - 3$，余りが $x + 2$ である．

5. 多項式 $f(x)$ を $x - 2$ で割ると 1 余り，$3x + 1$ で割ると 8 余る．このとき，$f(x)$ を $(x - 2)(3x + 1)$ で割ったときの余りを求めよ．

6. 多項式 $x^3 + ax + b$ を $x^2 - 5x + 4$ で割ったときの余りが $x + 3$ になるように，a, b の値を定めよ．

7. 多項式 $3x^4 - 4x^3 + 11x^2 - 4x + k$ が $x^2 - x + 3$ で割り切れるように定数 k の値を定めよ．

8. ユークリッドの互除法を用いて，次の 2 数もしくは 2 式の最大公約数を求めよ．
(1)　143, 247　　　　　　　(2)　238, 195
(3)　792, 2541　　　　　　(4)　$x^2 - x - 2$, $2x^2 - x - 3$
(5)　$x^3 - 3x^2 + 3x - 1$, $2x^2 + x - 3$
(6)　$4x^4 - 4x^3 + 2x - 1$, $2x^3 - 6x^2 + 5x - 2$

3 因数分解

多項式をいくつかの多項式の積で表すことを，その多項式を因数分解するという．

> **因数分解の公式**
> $ma + mb = m(a+b)$ $a^2 - b^2 = (a+b)(a-b)$
> $a^3 - b^3 = (a-b)(a^2+ab+b^2)$ $a^3 + b^3 = (a+b)(a^2-ab+b^2)$
> $x^2 + (a+b)x + ab = (x+a)(x+b)$

> **例題1** 次の式を因数分解せよ．
> (1) $(3a-b)x + 2(3a-b)y$ (2) $3x^3 - 12x$

 (1) $3a-b$ を上記の1番目の公式における m とみて
$$(3a-b)x + 2(3a-b)y = (3a-b)(x-2y)$$
(2) $3x^3 - 12x = 3x(x^2 - 4) = 3x(x+2)(x-2)$

> **例題2** 次の式を因数分解せよ．
> (1) $x^4 - 10x^2 + 9$ (2) $x^2 - 4xy + 3y^2 - 6x + 2y - 16$

 (1) $x^2 = t$ とおく．
$$\text{与式} = t^2 - 10t + 9 = (t-1)(t-9) = (x^2-1)(x^2-9)$$
$$= (x+1)(x-1)(x+3)(x-3)$$
(2) x について整理して平方完成をする．
$$\text{与式} = x^2 - 2(2y+3)x + 3y^2 + 2y - 16$$
$$= \{x - (2y+3)\}^2 - (2y+3)^2 + 3y^2 + 2y - 16$$

$$= (x-2y-3)^2 - y^2 - 10y - 25$$
$$= (x-2y-3)^2 - (y+5)^2$$
$$= \{(x-2y-3)+(y+5)\}\{(x-2y-3)-(y+5)\}$$
$$= (x-y+2)(x-3y-8)$$

多項式 $f(x)$ を因数分解するとき,剰余定理 (5 ページ) から導かれる因数定理を利用できる場合がある.

因数定理
$f(x)$ が $x-a$ で割り切れる $\iff$ $f(a)=0$

多項式を 1 次式で割ったときの商と余りを求める便利な方法に組み立て除法がある.たとえば,$ax^3 + bx^2 + cx + d$ を $x-k$ で割る場合は下図のようにすれば,商は $ax^2 + px + q$,余りは r になる.

$$
\begin{array}{c|cccc}
 & a & b & c & d \\
k & & ak & pk & qk \\
\hline
 & a & p & q & r
\end{array}
$$

$$p = b + ak \qquad q = c + pk \qquad r = d + qk$$

例題 3 $x^3 - 4x^2 + x + 6$ を因数分解せよ.

解 $f(x) = x^3 - 4x^2 + x + 6$ とおく.因数定理を用いれば,$f(-1) = -1 - 4 - 1 + 6 = 0$ から $f(x)$ は $x+1$ で割り切れる.実際に割ってみるか,もしくは組み立て除法 (右下) により

$$x^3 - 4x^2 + x + 6 = (x+1)(x^2 - 5x + 6)$$
$$= (x+1)(x-2)(x-3)$$

$$
\begin{array}{c|cccc}
 & 1 & -4 & 1 & 6 \\
-1 & & -1 & 5 & -6 \\
\hline
 & 1 & -5 & 6 & 0
\end{array}
$$

注意 因数の 1 次式 $x-a$ を見つけるには定数項の約数を考えればよい.たとえば,上の例題では 6 の約数 1, -1, 2, -2 などが a の候補である.

例題 4 因数定理を利用して，次の方程式を解け．

(1) $x^3 + 3x^2 - x - 3 = 0$　　(2) $x^4 + 2x^3 - 7x^2 - 20x - 12 = 0$

解 (1) $f(x) = x^3 + 3x^2 - x - 3$ とおく．
$f(1) = 0$ であるから
$$f(x) = (x-1)(x^2 + 4x + 3)$$
$$= (x-1)(x+1)(x+3) = 0$$

		1	3	-1	-3
	1		1	4	3
		1	4	3	0

よって，解は $x = -3, -1, 1$．

(2) $f(x) = x^4 + 2x^3 - 7x^2 - 20x - 12$ とおく．
$f(-1) = 0$, $f(3) = 0$ であるから
$$f(x) = (x+1)(x-3)(x^2 + 4x + 4)$$
$$= (x+1)(x-3)(x+2)^2 = 0$$

よって，解は $x = -2(重解), -1, 3$．

		1	2	-7	-20	-12
	-1		-1	-1	8	12
		1	1	-8	-12	0
	3		3	12	12	
		1	4	4	0	

練習問題 3

1. 次の式を因数分解せよ．

(1) $x^2 + x - 12$　　(2) $x^2 - x + \dfrac{1}{4}$

(3) $(x+5)^2 - 9$　　(4) $(3x - 2y)^2 - 2(3x - 2y) - 8$

(5) $3x^2 + 11xy + 10y^2$　　(6) $4x^2(x+3) - 3x(x+3) - x - 3$

(7) $t^4 - 6t^2 + 8$　　(8) $m^2 - mn - 3m + n + 2$

(9) $3x^2 + (4 - 2a)x - a^2 + 1$　　(10) $x^2 + (8a - 1)x + 15a^2 - a - 2$

(11) $(x^2 + 6x + 6)(x^2 + 6x - 2) + 7$

(12) $x^2 + xy - 6y^2 + 3x + 19y - 10$

2. 次の式を因数分解せよ．

(1) $2ab - 6ac$　　(2) $(a-b)x - (a-b)y$

(3) $x^2 - 9y^2 z^2$　　(4) $4a^2 - (b-c)^2$

(5) $2x^3 - 8x$　　(6) $m(n-1) - n + 1$

(7) $a^4 - 16b^4$　　(8) $a(a-c) - b(b-c)$

(9) $a^2b - a^2c + b^2c - b^3$ 　　(10) $p^3 - (q+r)^3$

(11) $x^6 - 1$ 　　(12) $x^4 - 3x^2 + 1$

(13) $x^4 + 4$ 　　(14) $a^3 + b^3 + c^3 - 3abc$

(15) $a^2(c-b) + b^2(a-c) + c^2(b-a)$

(16) $(a+b+c)(bc+ca+ab) - abc$

3. 因数分解をすることで，次の方程式を解け．

(1) $x^2 - 8x - 33 = 0$ 　　(2) $x^2 + 2x = 15$

(3) $x^3 - 6x^2 + 9x - 4 = 0$ 　　(4) $x^3 - 4x^2 - 7x + 10 = 0$

(5) $x^3 - 2x^2 - 5x + 10 = 0$ 　　(6) $x^4 - 7x^2 + 12 = 0$

(7) $2x^3 + x^2 - 8x - 4 = 0$ 　　(8) $3u^4 - 8u^3 - 2u^2 + 7u - 2 = 0$

4. 次の各組の多項式の最大公約数と最小公倍数を求めよ．

(1) $6a^2b^2c^3, \quad 12ab^3c^2$

(2) $8a^3bx^3y^2, \quad 12a^3b^2x^4y^3, \quad 20a^2bx^2y^3$

(3) $(x+1)^2(x+3), \quad (x+1)^3(x-3)^2$

(4) $6x^2 + 5x - 6, \quad 4x^2 + 12x + 9$

(5) $x^2 + x - 2, \quad x^3 + 2x^2 + x + 2, \quad x^3 - x^2 - 6x$

5. 次の式が $x+2$ で割り切れるように定数 k の値を定めて，因数分解せよ．

(1) $x^3 - 2x + k$ 　　(2) $3x^3 + kx^2 + x + 2$

6. $f(x) = x^4 + 4x^3 + ax + b$ が $(x+1)^2$ で割り切れるように，a, b の値を定めよ．

7. $x^2 = 4x + 1$ のとき，$2x^4 - 7x^3 - 5x^2 - 2x + 4$ の値を求めよ．

8. 次の方程式の実数解を求めよ．

(1) $x^4 - 16 = 0$ 　　(2) $x^4 - 6x^3 + 10x^2 - 6x + 9 = 0$

(3) $(x+2)^3 = -8$ 　　(4) $t^4 + 3t^3 - t^2 - 12t - 12 = 0$

9. 4次方程式 $2x^4 - 3x^3 - x^2 - 3x + 2 = 0$ について

(1) 両辺を x^2 で割り，$x + \dfrac{1}{x} = y$ とおいたときできる y に関する2次方程式を解け．

(2) x の値を求めよ．

10. 次の不等式を解け．

(1) $(x-1)(x+2) < 0$ (2) $x^2 - x - 12 > 0$

(3) $-x^2 + 4x - 4 \geqq 0$ (4) $x^3 + x^2 - 10x + 8 \leqq 0$

11. $x + y = u$, $xy = v$ とするとき，次の式を u, v を用いて表せ．

(1) $x^2 y + xy^2$ (2) $2x - 3xy + 2y$ (3) $x^2 + y^2$

(4) $(x-y)^2$ (5) $x^3 + y^3$

12. 次の等式が成り立つことを証明せよ．

(1) $(a^2 + b^2)(c^2 + d^2) = (ac + bd)^2 + (ad - bc)^2$

(2) $x^4 + 4y^4 = \{(x+y)^2 + y^2\}\{(x-y)^2 + y^2\}$

13. 次の不等式を証明せよ．

(1) $(a^2 + b^2)(x^2 + y^2) \geqq (ax + by)^2$

(2) $(a^2 + b^2 + c^2)(x^2 + y^2 + z^2) \geqq (ax + by + cz)^2$

14. $a, b > 0$ のとき，次の不等式を証明せよ．

(1) $a^3 - b^3 \geqq 3b^2(a - b)$ (2) $\dfrac{b}{a} + \dfrac{a}{b} \geqq 2$

(3) $(a+b)(a^3 + b^3) \geqq (a^2 + b^2)^2$

4 分数式

$\dfrac{\text{多項式}}{\text{多項式}}$ の形の式を分数式 (または有理式) という．分数式は通常の分数と同様に約分，通分，四則計算などができる．

$$\frac{B}{A} = \frac{BC}{AC}, \quad \frac{B}{A} + \frac{D}{C} = \frac{BC + AD}{AC}$$

例題 1 (1) $\dfrac{x^2 + 2x}{x^2 - 1} \times \dfrac{x - 1}{x^2 + 3x + 2}$ を簡単にせよ．

(2) $\dfrac{x + 3}{x^2 - x}$ と $\dfrac{5}{x^2 + x - 2}$ を分母の最小公倍数を共通の分母として通分せよ．

解 (1) 分母と分子をそれぞれ因数分解して約分する．

$$\frac{x^2 + 2x}{x^2 - 1} \times \frac{x - 1}{x^2 + 3x + 2} = \frac{x(x + 2)}{(x + 1)(x - 1)} \times \frac{x - 1}{(x + 1)(x + 2)} = \frac{x}{(x + 1)^2}$$

(2) $x^2 - x = x(x - 1),\ x^2 + x - 2 = (x - 1)(x + 2)$ であるから

$$\frac{x + 3}{x^2 - x} = \frac{x + 3}{x(x - 1)} = \frac{(x + 3)(x + 2)}{x(x - 1)(x + 2)}$$

$$\frac{5}{x^2 + x - 2} = \frac{5}{(x - 1)(x + 2)} = \frac{5x}{x(x - 1)(x + 2)}$$

例題 2 次の式を計算せよ．

(1) $\dfrac{1}{x - 2} - \dfrac{1}{x + 1}$ (2) $\dfrac{1 - \dfrac{1}{1 + \dfrac{1}{x}}}{1 + \dfrac{1}{x + 1}}$

解 (1) $\dfrac{1}{x-2} - \dfrac{1}{x+1} = \dfrac{(x+1)-(x-2)}{(x-2)(x+1)} = \dfrac{3}{(x-2)(x+1)}$

(2) $\dfrac{1}{1+\dfrac{1}{x}}$ の分母と分子に x をかけると，$\dfrac{x}{x+1}$ であるから与式は $\dfrac{1-\dfrac{x}{x+1}}{1+\dfrac{1}{x+1}}$.

この式の分母と分子に $x+1$ をかければ，$\dfrac{(x+1)-x}{(x+1)+1} = \dfrac{1}{x+2}$.

例題 3 次の式を 1 つの分数式で表せ.
(1) $x-1+\dfrac{1}{2x+1}$ (2) $x^2-4x+\dfrac{4x-1}{2x^2-x+1}$

解 $A + \dfrac{C}{B} = \dfrac{AB+C}{B}$ であるから

(1) $x-1+\dfrac{1}{2x+1} = \dfrac{(x-1)(2x+1)+1}{2x+1} = \dfrac{2x^2-x}{2x+1}$

(2) $x^2-4x+\dfrac{4x-1}{2x^2-x+1} = \dfrac{(x^2-4x)(2x^2-x+1)+4x-1}{2x^2-x+1}$

$= \dfrac{2x^4-9x^3+5x^2-1}{2x^2-x+1}$

注意 次のような計算はできない (どこが間違いか).

$\dfrac{x+1}{x^3+1} = \dfrac{x+1-1}{x^3+1-1} = \dfrac{x}{x^3} = \dfrac{1}{x^2}$ $\dfrac{x^2+1}{x} = \dfrac{x^2+1}{\not{x}} = x+1$

分数式で, 「分子の次数 $\geqq$ 分母の次数」の場合, 5 ページの割り算の等式 $A = BQ + R$ の両辺を B で割れば

$$\dfrac{A}{B} = Q + \dfrac{R}{B} \quad (R \text{ の次数} < B \text{ の次数, または } R = 0)$$

例題 4 次の分数式を 多項式＋分数式 (上記の式) の形で表せ.
(1) $\dfrac{x^3-x+1}{x}$ (2) $\dfrac{x^4+x^3+3x-1}{x^2+1}$

解 (1) $\dfrac{x^3-x+1}{x} = x^2-1+\dfrac{1}{x}$

(2) x^4+x^3+3x-1 を x^2+1 で割ると商は x^2+x-1, 余りは $2x$ であるから

$$\dfrac{x^4+x^3+3x-1}{x^2+1} = x^2+x-1+\dfrac{2x}{x^2+1}$$

例題 5 (1) $\dfrac{1}{(x+2)(x-1)} = \dfrac{a}{x-1} + \dfrac{b}{x+2}$ となるように a,b を定めよ.
(2) $\dfrac{x+5}{(x+2)(x^2-1)} = \dfrac{a}{x+2} + \dfrac{b}{x+1} + \dfrac{c}{x-1}$ となるように a,b,c を定めよ.

解 (1) 両辺に $(x+2)(x-1)$ をかけると
$$1 = a(x+2) + b(x-1) = (a+b)x + 2a - b$$
x の 1 次の項の係数と定数項を比較すれば, $a+b=0$, $2a-b=1$. よって, $a = \dfrac{1}{3}$, $b = -\dfrac{1}{3}$.

(2) 両辺に $(x+2)(x^2-1) = (x+2)(x-1)(x+1)$ をかけると
$$x+5 = a(x+1)(x-1) + b(x+2)(x-1) + c(x+2)(x+1)$$
すべての x に対して, この等式が成り立つから, $x = 1$, -1, -2 とおけば, 順に $6 = 6c$, $4 = -2b$, $3 = 3a$. よって, $a = 1$, $b = -2$, $c = 1$.

注意 (1), (2) はそれぞれ
$$\dfrac{1}{(x+2)(x-1)} = \dfrac{1}{3}\left(\dfrac{1}{x-1} - \dfrac{1}{x+2}\right),$$
$$\dfrac{x+5}{(x+2)(x^2-1)} = \dfrac{1}{x+2} - \dfrac{2}{x+1} + \dfrac{1}{x-1}$$
と書かれる. この例題のように, 1 つの分数式をその分母の因数を分母とするいくつかの簡単な分数の和として表すことを部分分数展開という. 例題のようにして部分分数展開を求める方法を未定係数法 ((1) は係数比較法, (2) は数値代入法) と呼ぶ.

練習問題 4

1. 次の分数を計算せよ.
(1) $\dfrac{1}{2} + \dfrac{1}{3}$
(2) $\dfrac{1}{4} - \dfrac{5}{12}$
(3) $\dfrac{1}{3} - \dfrac{1}{4} + \dfrac{1}{5} - \dfrac{1}{6}$
(4) $1 - \dfrac{1}{5} \times \dfrac{3}{2} \div 2$
(5) $\dfrac{4}{5} \div \dfrac{7}{3} \times \dfrac{9}{2}$
(6) $\dfrac{1}{1 - \dfrac{1}{3}}$

2. 次の分数式を約分せよ.
(1) $\dfrac{3ab^2x^3y}{6a^2bx^2y^3}$
(2) $\dfrac{x^2-3x+2}{x(x-1)}$
(3) $\dfrac{a(a+b)^2}{a^3+b^3}$
(4) $\dfrac{a^2-(b+c)^2}{(a+b)^2-c^2}$

3. 次の式を簡単にせよ．

(1) $\dfrac{7a^2}{x^3} \times \dfrac{x^2}{14a}$

(2) $-\dfrac{xy^2}{2a^2} \div \left(-\dfrac{x^2}{ay}\right)$

(3) $\dfrac{(x+2)^2}{x-1} \times \dfrac{x^2-x}{x^2+3x+2}$

(4) $\left(-\dfrac{2x}{y}\right)^3 \times \left(\dfrac{y^2}{3x^2}\right)^2 \times \left(-\dfrac{y^3}{6x^5}\right)$

(5) $\dfrac{x^2-xy}{x^2+xy} \times \dfrac{x+y}{x^3-x^2y}$

(6) $\dfrac{a^3+8b^3}{a^2-9b^2} \div \dfrac{a^2+2ab}{ab^2-3b^3}$

4. 次の式を1つの分数式で表せ．

(1) $\dfrac{1}{x^2}+1$
(2) $\dfrac{2}{x}+\dfrac{1}{x^2}$
(3) $\dfrac{2}{x}+\dfrac{x}{3}$

(4) $\dfrac{2}{x-1}+\dfrac{1}{5x-2}$
(5) $x+1-\dfrac{1}{x+2}$
(6) $x^2-\dfrac{1}{x+1}-x+1$

(7) $\dfrac{2}{x}-\dfrac{1}{x+1}+x$
(8) $\dfrac{x-\dfrac{1}{x}}{x+\dfrac{1}{x}}-1$
(9) $\dfrac{1}{1+\dfrac{1}{1+a}}$

(10) $\dfrac{y}{x^2-y^2}+\dfrac{x}{(x+y)^2}$
(11) $\dfrac{x+3}{(x-1)^2}-\dfrac{x}{x^2+x-2}$

(12) $\dfrac{2x-1}{x^2-5x+6}-\dfrac{1}{x^2-x-2}$
(13) $\dfrac{a}{b(a-b)}+\dfrac{b}{a(b-a)}$

(14) $\dfrac{1}{x-1}-\dfrac{1}{x}+\dfrac{1}{x+1}-\dfrac{1}{x+3}$
(15) $\dfrac{\dfrac{1}{x}}{1-\dfrac{1}{x+2}}-\dfrac{\dfrac{1}{x}}{1+\dfrac{1}{x+2}}$

(16) $\dfrac{1}{1-x}+\dfrac{1}{1+x}+\dfrac{2}{1+x^2}-\dfrac{4}{1+x^4}$

(17) $\dfrac{1}{(a-b)(b-c)}+\dfrac{1}{(c-b)(c-a)}+\dfrac{1}{(a-c)(b-a)}$

5. 次の分数式を 多項式＋分数式 の形で表せ．

(1) $\dfrac{2x+7}{x+3}$
(2) $\dfrac{9x-1}{3x+2}$
(3) $\dfrac{x^3+x+1}{x}$

(4) $\dfrac{x^5-2x^2+3}{2x^3}$
(5) $\dfrac{x^2+x+1}{x-1}$
(6) $\dfrac{2x^4+3x-1}{x^2-1}$

(7) $\dfrac{x^4+x^3+x-1}{2x^2+1}$
(8) $\dfrac{u^5+u-2}{u^3-2u+1}$

6. 次の式で ( ) 内の指定された文字を他の文字を用いて表せ．

(1) $\dfrac{1}{x}+\dfrac{1}{y}=1$ (y)
(2) $\dfrac{a}{b}-\dfrac{2b}{a}=1$ (a)
(3) $\dfrac{y}{x+\dfrac{y}{x}}=\dfrac{1}{x}$ (y)

7. 次を部分分数に展開せよ．

(1) $\dfrac{1}{x(x-2)}$ (2) $\dfrac{2}{x^2-1}$

(3) $\dfrac{1}{(x-a)(x-b)}$ $(a \neq b)$ (4) $\dfrac{1}{x^2(x+1)}$

8. $\dfrac{x+2}{(x^2+1)^2(x^2-1)} = \dfrac{a}{x-1} + \dfrac{b}{x+1} + \dfrac{cx+d}{x^2+1} + \dfrac{ex+f}{(x^2+1)^2}$ が成り立つように a,b,c,d,e,f を定めよ．

9. $x + \dfrac{1}{x} = 3$ のとき，$x^2 + \dfrac{1}{x^2}$, $x^3 + \dfrac{1}{x^3}$ の値を求めよ．

10. 次の不等式を解け．

(1) $x - 1 \geqq \dfrac{1}{x-1}$ (2) $\dfrac{1}{x+3} \geqq \dfrac{2}{x-2}$

11. 次の等式が成り立つことを証明せよ．

(1) $\left(\dfrac{1}{a-b} + \dfrac{1}{b-c} + \dfrac{1}{c-a}\right)^2 = \dfrac{1}{(a-b)^2} + \dfrac{1}{(b-c)^2} + \dfrac{1}{(c-a)^2}$

(2) $abc = 1$ のとき，$\dfrac{a}{ab+a+1} + \dfrac{b}{bc+b+1} + \dfrac{c}{ca+c+1} = 1$

12. $a+b+c = 0$, $abc \neq 0$ のとき，次の式の値を求めよ．

(1) $\dfrac{b+c}{a} + \dfrac{c+a}{b} + \dfrac{a+b}{c}$ (2) $\dfrac{b^2-c^2}{a} + \dfrac{c^2-a^2}{b} + \dfrac{a^2-b^2}{c}$

(3) $a\left(\dfrac{1}{b} + \dfrac{1}{c}\right) + b\left(\dfrac{1}{c} + \dfrac{1}{a}\right) + c\left(\dfrac{1}{a} + \dfrac{1}{b}\right)$

5　根号のある式

根号 $\sqrt{}$ を含む数式を計算するときは，根号を文字のように扱う．

根号の計算

$a>0,\ b>0,\ k>0$ のとき
$$\sqrt{k^2 a}=k\sqrt{a},\quad \sqrt{a}\sqrt{b}=\sqrt{ab},\quad \frac{\sqrt{a}}{\sqrt{b}}=\sqrt{\frac{a}{b}}$$
$$\sqrt{a+b+2\sqrt{ab}}=\sqrt{(\sqrt{a}+\sqrt{b})^2}=\sqrt{a}+\sqrt{b}$$

例題 1　次の式を簡単にせよ．
(1) $3\sqrt{48}-\sqrt{75}$　　(2) $\dfrac{4}{3+\sqrt{5}}+\dfrac{1}{\sqrt{5}-2}$

解　(1) $3\sqrt{48}-\sqrt{75}=3\sqrt{4^2\times 3}-\sqrt{5^2\times 3}=3\times 4\sqrt{3}-5\sqrt{3}=7\sqrt{3}$

(2) 分母の有理化をおこなう．

$$\text{与式}=\frac{4(3-\sqrt{5})}{(3+\sqrt{5})(3-\sqrt{5})}+\frac{\sqrt{5}+2}{(\sqrt{5}-2)(\sqrt{5}+2)}=3-\sqrt{5}+\sqrt{5}+2=5$$

例題 2　次の式を簡単にせよ．
$$\frac{\sqrt{x+1}-\sqrt{x-1}}{\sqrt{x+1}+\sqrt{x-1}}$$

解　分母と分子に $\sqrt{x+1}-\sqrt{x-1}$ をかける．

$$\text{与式}=\frac{(\sqrt{x+1}-\sqrt{x-1})(\sqrt{x+1}-\sqrt{x-1})}{(\sqrt{x+1}+\sqrt{x-1})(\sqrt{x+1}-\sqrt{x-1})}=\frac{(\sqrt{x+1}-\sqrt{x-1})^2}{(x+1)-(x-1)}$$
$$=\frac{x+1-2\sqrt{x+1}\sqrt{x-1}+x-1}{2}=x-\sqrt{x^2-1}$$

練習問題 5

1. 次の式を簡単にせよ．
  (1) $\sqrt{(-3)^2}$ (2) $\sqrt{5} \times \sqrt{20}$ (3) $\sqrt{(-3)(-12)}$
  (4) $(\sqrt{3}+1)(3-\sqrt{3})$ (5) $\sqrt{3}(\sqrt{27}-\sqrt{12})$
  (6) $\sqrt{48} - 2\sqrt{50} - \sqrt{27} + 5\sqrt{8}$ (7) $(\sqrt{5}+\sqrt{2})^2$
  (8) $(5\sqrt{2} - 3\sqrt{3})(2\sqrt{2} + \sqrt{3})$

2. 次の式の分母を有理化せよ．
  (1) $\dfrac{3}{\sqrt{12}}$ (2) $\dfrac{\sqrt{3}-\sqrt{2}}{\sqrt{6}}$ (3) $\dfrac{1}{\sqrt{6}-\sqrt{2}}$
  (4) $\dfrac{\sqrt{3}-1}{\sqrt{3}+1}$ (5) $\dfrac{\sqrt{7}-\sqrt{3}}{\sqrt{7}+\sqrt{3}}$ (6) $\dfrac{1-\sqrt{2}+\sqrt{3}}{\sqrt{3}-\sqrt{2}}$

3. 次の式を2重根号のない形で表せ．
  (1) $\sqrt{(1-\sqrt{2})^2}$ (2) $\sqrt{7-2\sqrt{10}}$
  (3) $\sqrt{4+\sqrt{12}}$ (4) $\sqrt{3+\sqrt{5}}$

4. $\dfrac{2}{3-\sqrt{7}}$ の整数部分を x, 小数部分を y とするとき, 次の式の値を求めよ．
  (1) y (2) $x+y^2+4y$ (3) $\dfrac{1}{x-y}$

5. $x = \dfrac{\sqrt{5}+\sqrt{3}}{\sqrt{2}-1}$, $y = \dfrac{\sqrt{5}-\sqrt{3}}{\sqrt{2}+1}$ のとき，次の値を求めよ．
  (1) xy (2) $\dfrac{1}{x}+\dfrac{1}{y}$ (3) x^2+y^2 (4) x^3+y^3

6. 次の式を簡単にせよ．
  (1) $(\sqrt{2+x}+\sqrt{2-x})^2 + (\sqrt{2+x}-\sqrt{2-x})^2$
  (2) $\dfrac{1}{\sqrt{x}-1} - \dfrac{1}{\sqrt{x}+1}$ (3) $\sqrt{\dfrac{x+1}{x-1}} - \sqrt{\dfrac{x-1}{x+1}}$
  (4) $\dfrac{\sqrt{x}-\dfrac{1}{\sqrt{x}}}{\sqrt{x}+\dfrac{1}{\sqrt{x}}}$ (5) $\dfrac{1}{x+\sqrt{x^2+1}} - \dfrac{1}{x-\sqrt{x^2+1}}$

6 関数とグラフ

関数 $y = f(x)$ のグラフを
x 軸方向に p, y 軸方向に q だけ平行移動したグラフを表す関数は
$$y - q = f(x - p)$$

$y = f(x)$ で関数だけでなく，そのグラフを指すこともある．

関数 $y = f(x)$ のグラフと
 x 軸に関して対称なグラフは，$y = -f(x)$
 y 軸に関して対称なグラフは，$y = f(-x)$
 原点に関して対称なグラフは，$y = -f(-x)$
 $y = x$ に関して対称なグラフは，$x = f(y)$
   （この関数は $y = f(x)$ の逆関数になる）

1次関数

$y = ax + b$ のグラフは，傾きが a, y 切片が b の直線
$y = m(x - a) + b$ のグラフは，点 (a, b) を通り，傾き m の直線
$\dfrac{x}{a} + \dfrac{y}{b} = 1$ のグラフは，点 $(a, 0)$, $(0, b)$ を通る直線

2次関数 $(a \neq 0)$

$y = ax^2$ のグラフは，原点を頂点，y 軸を軸とする放物線

$y = a(x-p)^2 + q$ のグラフは，(p,q) を頂点，$x = p$ を軸とする放物線

$y = ax^2 + bx + c = a\left(x + \dfrac{b}{2a}\right)^2 - \dfrac{b^2 - 4ac}{4a}$ のグラフ

$$\text{頂点}\left(-\dfrac{b}{2a},\ -\dfrac{b^2-4ac}{4a}\right),\quad \text{軸}\ x = -\dfrac{b}{2a}$$

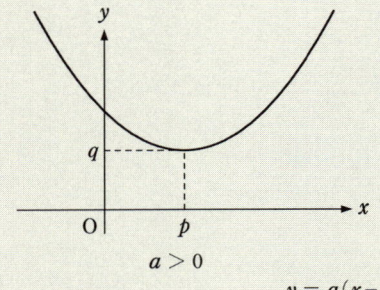

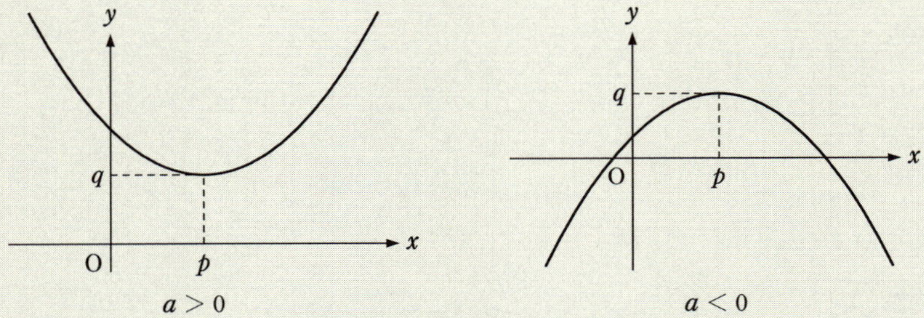

$y = a(x-p)^2 + q$ のグラフ

例題 1 直線 $y = 2x - 3$ に次の変換をした場合のグラフをかけ．

(1) x 軸方向に -1，y 軸方向に 2 だけ平行移動

(2) y 軸に関して対称移動

解 (1) $y - 2 = 2(x+1) - 3$ より $y = 2x + 1$.

(2) $y = 2(-x) - 3$ より $y = -2x - 3$.

よって，グラフは次のようになる．

(1) 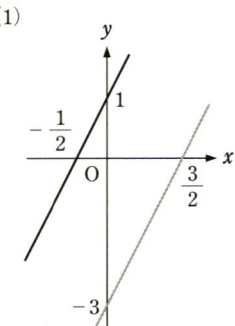 (2)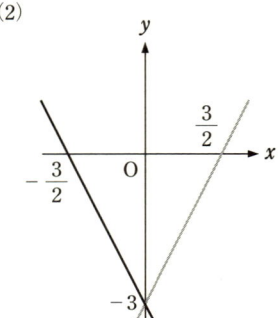

例題 2 次の関数のグラフをかけ．
(1) $y = |x|$ (x の絶対値)　　(2) $y = |x-1| + 2$

解　(1) $|x| = \begin{cases} x & x \geq 0 \\ -x & x < 0 \end{cases}$

(2) (1) のグラフを x 軸方向に 1，y 軸方向に 2 だけ平行移動したものである．

(1)
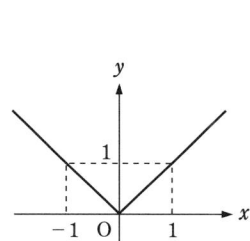

(2)
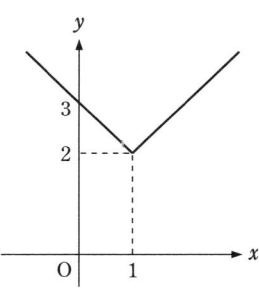

例題 3　点 $(3, -2)$ を通り，直線 $2x - 5y + 3 = 0$ に平行な直線および垂直な直線を求めよ．

解　直線 $2x - 5y + 3 = 0$ は $y = \dfrac{2}{5}x + \dfrac{3}{5}$ と書けるから，この直線の傾きは $\dfrac{2}{5}$．
よって，平行な直線は $y = \dfrac{2}{5}(x-3) - 2$，すなわち $2x - 5y - 16 = 0$．
垂直な直線は $y = -\dfrac{5}{2}(x-3) - 2$，すなわち $5x + 2y - 11 = 0$．

例題 4　放物線 $y = x^2 + 2x$ に対して
(1) x 軸方向に 3，y 軸方向に 4 だけ平行移動して得られる放物線の方程式を求めて，そのグラフをかけ．
(2) 原点に関する対称移動をして得られる放物線の方程式を求めて，そのグラフをかけ．

解　(1) 求める放物線は $y - 4 = (x-3)^2 + 2(x-3)$，すなわち $y = x^2 - 4x + 7$．
$y = x^2 - 4x + 7 = (x-2)^2 + 3$ より，頂点の座標は $(2, 3)$，軸は $x = 2$．
(2) 求める放物線は $-y = (-x)^2 + 2(-x)$ すなわち，$y = -x^2 + 2x$．

(1)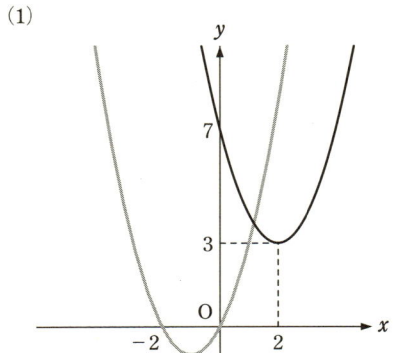

(2)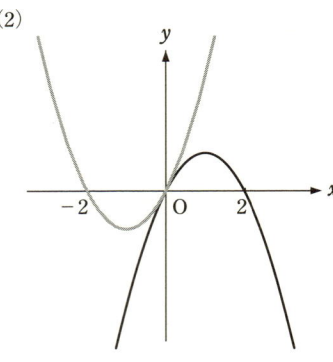

例題 5 2次関数 $y = -x^2 + 3x + 1 \ (-1 \leqq x \leqq 3)$ の最大値と最小値を求めよ．

解 $f(x) = -\left(x - \dfrac{3}{2}\right)^2 + \dfrac{13}{4}$, $f(-1) = -3$, $f(3) = 1$ であるから

$x = \dfrac{3}{2}$ のとき，最大値は $\dfrac{13}{4}$

$x = -1$ のとき，最小値は -3

1次不等式の表す領域

$y > ax + b$ の表す領域は，直線 $y = ax + b$ の上側

$y < ax + b$ の表す領域は，直線 $y = ax + b$ の下側

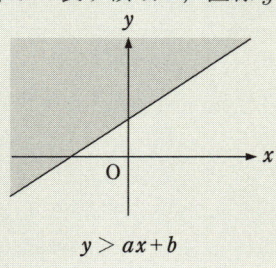

$y > ax + b$

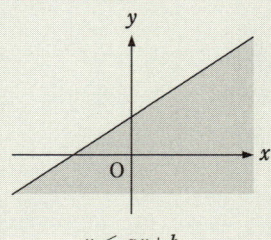

$y < ax + b$

例題 6 次の連立不等式の表す領域を図示せよ．
$$x - y - 2 \leqq 0, \quad 3x + 2y - 6 \leqq 0, \quad x \geqq 0$$

解 $x - y - 2 \leqq 0$，すなわち $y \geqq x - 2$ を満たす点 (x, y) の集合は $y = x - 2$ の上側．
$3x + 2y - 6 \leqq 0$，すなわち $\dfrac{x}{2} + \dfrac{y}{3} \leqq 1$ を満たす点 (x, y) の集合は $\dfrac{x}{2} + \dfrac{y}{3} = 1$ の下側．
よって，$x \geqq 0$ とあわせれば，右図のようになる．

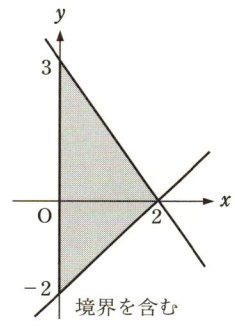

境界を含む

練習問題 6

1. 次の関数のグラフをかけ．

(1) $y = x - 2$ (2) $y = -\dfrac{1}{2}x + 3$ (3) $y = 2(1 - x)$

(4) $4x + 3y = 12$ (5) $y = |x - 3|$ (6) $y = 2|x| - 1$

2. 直線 $2x + y = 3$ に次の変換をした場合のグラフをかけ．

(1) x 軸方向に -1 だけ平行移動 (2) y 軸方向に 0.5 だけ平行移動

(3) x 軸に関して対称移動 (4) 原点に関して対称移動

3. 次の直線の方程式を求めよ．

(1) 原点を通り，傾き -2 の直線

(2) 点 $(2, 5)$ を通り，傾き 3 の直線

(3) 2 点 $(5, 0)$, $(0, 3)$ を通る直線

(4) 2 点 $(2, -3)$, $(-1, 4)$ を通る直線

4. 放物線 $y = 2x^2$ に次の変換をした場合のグラフをかけ．

(1) x 軸方向に 2 だけ平行移動

(2) y 軸方向に -3 だけ平行移動

(3) x 軸方向に -1，y 軸方向に 2 平行移動

(4) x 軸に関して対称移動したあと，y 軸方向に 3 だけ平行移動

5. 次の 2 次関数の頂点の座標を求め，グラフをかけ．
   (1) $y = 3(x+1)^2$
   (2) $y = (x-1)^2 - 5$
   (3) $y = \dfrac{1}{2}x^2 - 3x$
   (4) $y = -x^2 + 4x - 1$

6. 次の関数のグラフをかけ．
   (1) $y = x^2 - 3|x| + 2$
   (2) $y = |x^2 - 2x - 3|$
   (3) $y = x^3 + x^2 - 6x$
   (4) $y = (x^2 - 1)(x^2 - 4)$

7. $-2 \leqq x \leqq 4$ のとき，関数 $y = 2|x| + |x-3|$ の最大値と最小値を求めよ．

8. 関数 $f(x) = -x^2 + 5x - 3$ に対して，定義域が次の場合にそれぞれの最大値と最小値を求めよ．
   (1) $0 \leqq x \leqq 2$ (2) $1 \leqq x \leqq 4$

9. 次の 2 次関数のグラフと x 軸との交点の x 座標を求めよ．
   (1) $y = x^2 - 7x + 10$
   (2) $y = x^2 + x - 1$
   (3) $y = 2x^2 - 3x + 3$
   (4) $y = -x^2 + 5x - 1$

10. 次の分数関数のグラフをかけ．
   (1) $y = \dfrac{1}{x-1}$
   (2) $y = \dfrac{2x-1}{x+1}$

11. 次の不等式の表す領域を図示せよ．
   (1) $y < |x| + 2$
   (2) $|x| + |y| < 1$
   (3) $y \geqq \dfrac{1}{2}x^2$
   (4) $y \leqq x^2 - 4x + 3$

12. 次の連立不等式の表す領域を図示せよ．
   (1) $\begin{cases} x > 0 \\ x + 2y > 0 \end{cases}$
   (2) $\begin{cases} x - 2y - 6 \leqq 0 \\ 2x + 5y - 3 \geqq 0 \end{cases}$
   (3) $x \geqq 0,\ y \geqq 0,\ x + y \leqq 3,\ x + 2y \leqq 4$
   (4) $\begin{cases} y \leqq x^2 + x - 2 \\ -1 \leqq x \leqq 2 \end{cases}$
   (5) $\begin{cases} y \geqq x^2 - 2x + 2 \\ y \leqq 2x - 1 \end{cases}$

7　　　　　　　　　　　　　　　　　2 次曲線

2 次関数 $y = x^2$ のグラフは放物線という曲線である．その逆関数のグラフすなわち x と y を入れかえた $x = y^2$ のグラフは，$y = x^2$ とは $y = x$ に関して対称な図形で右方に広がる放物線になる．この曲線 $y^2 = x$ 上に点 $\mathrm{P}(x, y)$，定点 $\mathrm{F}\left(\dfrac{1}{4}, 0\right)$ および点 $\mathrm{Q}\left(-\dfrac{1}{4}, y\right)$ をとれば，PF=PQ が成り立つ．

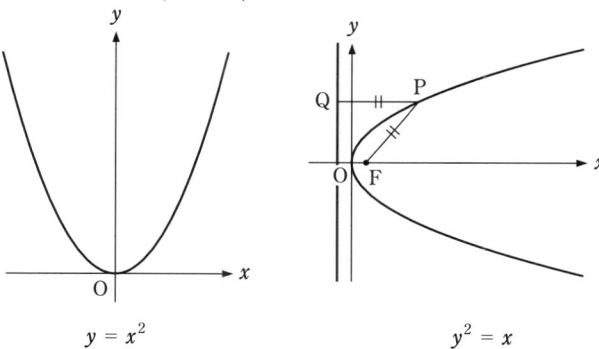

$y = x^2$ 　　　　　　　　　$y^2 = x$

一般に，定点 F と，この F を通らない直線 ℓ とから等距離にある点の軌跡を放物線といい，点 F を焦点，直線 ℓ を準線という．

放物線

方程式 (標準形) は $y^2 = 4px$ 　$(p \neq 0)$

焦点 $\mathrm{F}(p, 0)$, 準線 $x = -p$, 頂点 O, 軸は x 軸

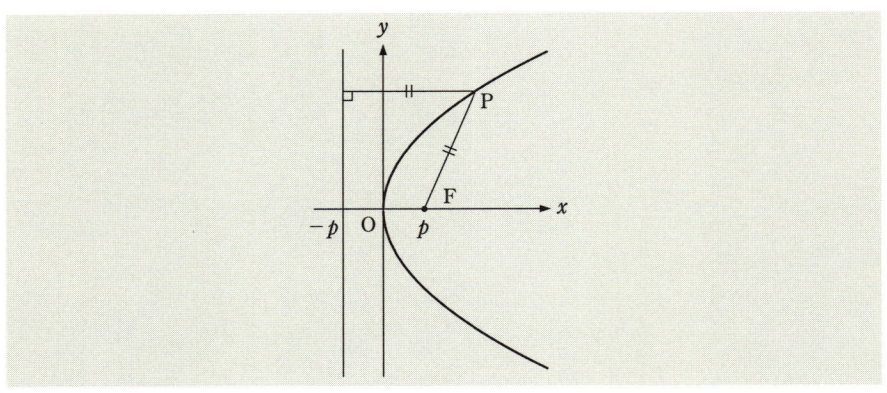

$y^2 = 4px$ の逆関数 $x^2 = 4py$, すなわち $y = \dfrac{1}{4p}x^2$ は, 焦点 $(0, p)$, 準線 $y = -p$ の放物線である.

例題 1 放物線 $y^2 = 6x$ の焦点と準線を求め, そのグラフの概形をかけ.

解 $y^2 = 6x = 4px$ より $p = \dfrac{3}{2}$.
よって, 焦点は $F\left(\dfrac{3}{2}, 0\right)$, 準線は $x = -\dfrac{3}{2}$.

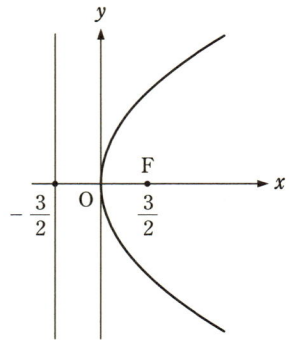

例題 2 $y^2 - 4x + 2y + 5 = 0$ の表す図形は放物線であることを示し, その頂点と焦点の座標を求めよ. また, グラフもかけ.

解
$$y^2 - 4x + 2y + 5 = (y+1)^2 - 1 - 4x + 5$$
$$= (y+1)^2 - 4(x-1) = 0,$$

すなわち $(y+1)^2 = 4(x-1)$. これは放物線 $y^2 = 4x$ を x 軸方向に 1, y 軸方向に -1 だけ平行移動したものである. よって, 頂点は $(1, -1)$, 焦点は $F(2, -1)$.

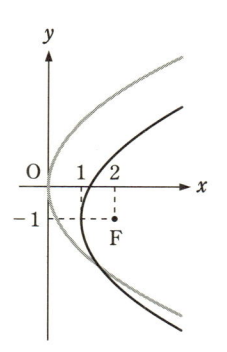

例題 3 次の関数 (無理関数) のグラフをかけ.
(1) $y = \sqrt{x}$ 　　(2) $x = \sqrt{y} + 1$

解　(1) $y = \sqrt{x}$ のグラフは放物線 $y^2 = x$ $(y \geqq 0)$ のグラフと同じものである.
(2) $x = \sqrt{y}$, すなわち $y = x^2$ $(x \geqq 0)$ のグラフを x 軸方向に 1 だけ平行移動したものである.

(1)　　　　　　　　　　　　(2)

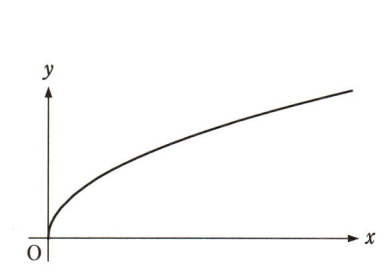

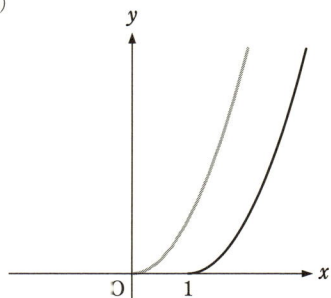

2 定点 F, F' からの距離の和が一定である点の軌跡を楕円といい, F, F' を焦点という.

楕円

方程式 (標準形) は $\dfrac{x^2}{a^2} + \dfrac{y^2}{b^2} = 1$ $(a > b > 0)$

中心 O, 焦点 F$(\sqrt{a^2 - b^2}, 0)$, F'$(-\sqrt{a^2 - b^2}, 0)$

楕円上の点 P に対して，PF+PF′ = 2a
$a = b$ のときは半径 a の円 $x^2 + y^2 = a^2$ になる．

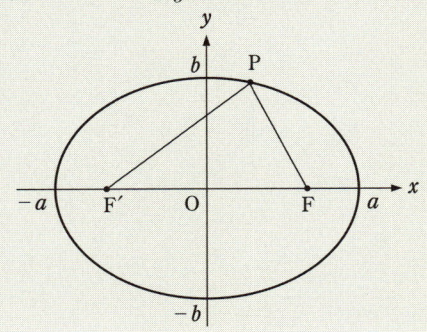

$b > a > 0$ のとき，楕円 $\dfrac{x^2}{a^2} + \dfrac{y^2}{b^2} = 1$
の焦点は $F(0, \sqrt{b^2 - a^2})$, $F'(0, -\sqrt{b^2 - a^2})$.
これは右図のような形の楕円になる．

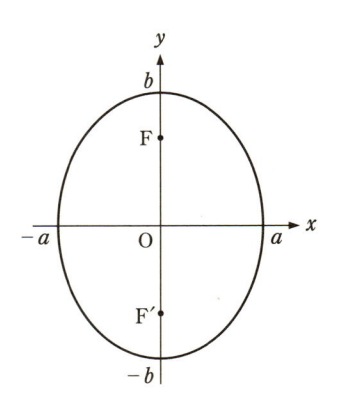

例題 4 $9x^2 + 4y^2 = 36$ は楕円を表すことを示せ．さらに，この楕円の焦点の座標を求め，その概形 (グラフ) をかけ．

解 $9x^2 + 4y^2 = 36$ の両辺を 36 で割れば，楕円の方程式 $\dfrac{x^2}{4} + \dfrac{y^2}{9} = 1$ を得る．
焦点 F, F′ は y 軸上にあり，その座標は $(0, \sqrt{5})$, $(0, -\sqrt{5})$.

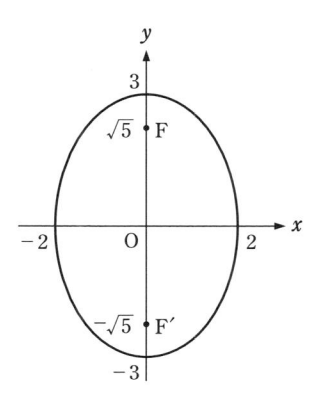

2定点 F, F' からの距離の差が一定である点の軌跡を双曲線といい, F, F' を焦点という.

> **双曲線**
>
> 方程式 (標準形) は $\dfrac{x^2}{a^2} - \dfrac{y^2}{b^2} = 1 \ (a > 0, \ b > 0)$
>
> 中心 O, 焦点 $F(\sqrt{a^2+b^2}, 0), F'(-\sqrt{a^2+b^2}, 0)$
>
> 双曲線上の点 P に対して, $|\mathrm{PF} - \mathrm{PF'}| = 2a$
>
> 頂点 $(a, 0), (-a, 0)$, 漸近線 $y = \dfrac{b}{a}x, \ y = -\dfrac{b}{a}x$

$a = b$ のとき, 2つの漸近線は直交する. このような双曲線を直角双曲線という.

例題 5 双曲線 $\dfrac{x^2}{9} - y^2 = 1$ の焦点と漸近線を求めて，その概形をかけ．また，$\dfrac{x^2}{9} - y^2 = -1$ はどんな図形を表すか．

解 双曲線の方程式で $a=3$, $b=1$ であるから，焦点は $F(\sqrt{10}, 0)$, $F'(-\sqrt{10}, 0)$，漸近線は $y = \dfrac{x}{3}$, $y = -\dfrac{x}{3}$（上図）．$\dfrac{x^2}{9} - y^2 = -1$ は $F(0, \sqrt{10})$, $F'(0, -\sqrt{10})$ を焦点，$y = \pm \dfrac{x}{3}$ を漸近線とする y 軸方向に上下に分かれる双曲線である（下図）．

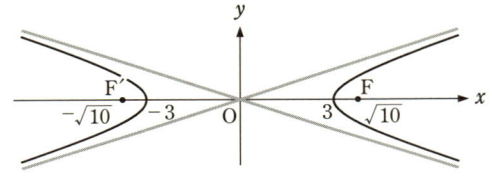

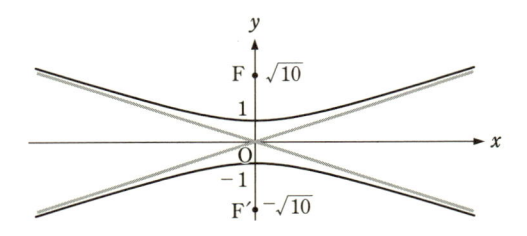

例題 6 $4x^2 - y^2 - 2y = 5$ はどのような図形を表すか．また，その概形をかけ．

解 $4x^2 - y^2 - 2y = 5$ から $4x^2 - (y+1)^2 = 4$, すなわち $x^2 - \dfrac{(y+1)^2}{2^2} = 1$.
これは双曲線 $x^2 - \dfrac{y^2}{2^2} = 1$ を y 軸方向に -1 だけ平行移動したものである．漸近線は $y = \pm 2x$ を y 軸方向に -1 だけ平行移動した $y = \pm 2x - 1$ であるから，グラフの概形は図のようになる．

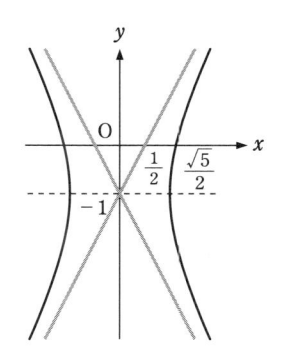

放物線，楕円，双曲線は 2 次式で表されるから，2 次曲線と呼ばれる．2 次曲線を円錐曲線と呼ぶこともある．

練習問題 7

1. 次の放物線の焦点と準線を求め，その概形 (グラフ) をかけ．

(1) $y^2 = 8x$ 　　(2) $2y^2 = -x$ 　　(3) $x^2 = 10y$

2. 次の無理関数のグラフをかけ．

(1) $y = \sqrt{x+2}$ 　　(2) $y = \sqrt{2x-1}$ 　　(3) $y = \sqrt{-x+1}$

(4) $x = -\sqrt{y}$ 　　(5) $y = \sqrt{4-x^2}$ 　　(6) $y = \sqrt{x^2-1}$

3. 次のような円の方程式を求めよ．

(1) 中心が $(-1, 3)$，半径が $\sqrt{5}$

(2) x 軸上に中心があり，原点と点 $(6, 0)$ を通る

(3) 中心が $(2, -4)$ で，原点を通る

4. 次の楕円または双曲線の焦点を求め，その概形をかけ．双曲線については漸近線の方程式も求めよ．

(1) $\dfrac{x^2}{3} + \dfrac{y^2}{2} = 1$ 　　　　(2) $4x^2 + y^2 = 4$

(3) $\dfrac{x^2}{2} - \dfrac{y^2}{3} = 1$ 　　　　(4) $9x^2 - 4y^2 = -9$

5. 次の2次曲線の方程式を求め，その概形をかけ．

(1) 原点が頂点，焦点 $(-3, 0)$ である放物線

(2) 頂点 $(1, -2)$，準線 $x = -1$ である放物線

(3) 焦点 $(2, 0)$, $(-2, 0)$ で，2点からの距離の和が5である楕円

(4) 焦点が $(0, \sqrt{3})$, $(0, -\sqrt{3})$ で，$(2, 0)$ を通る楕円

(5) 頂点 $(1, 0)$, $(-1, 0)$ で，2直線 $y = 2x$, $y = -2x$ を漸近線とする双曲線

(6) 焦点が $(2, 1)$, $(-2, 1)$ である直角双曲線

6. 次の方程式はどのような図形を表すか．

(1) $y^2 - 4y - 4x = 8$ 　　(2) $xy - 2x - y = 0$

(3) $x^2 + 4x + y^2 - 6y = 3$ 　　(4) $4x^2 - 8x + y^2 = 0$

(5) $9x^2 - 18x + 4y^2 + 24y + 9 = 0$ 　(6) $x^2 - 2x - 2y^2 - 4y - 3 = 0$

7. 次の不等式の表す領域を図示せよ．

(1) $x^2 + y^2 \leqq y$ 　　(2) $xy > 1$

(3) $y \geqq -\sqrt{x-2}$ 　　(4) $(x^2 + y^2 - 1)(x^2 + y^2 - 4x) < 0$

(5) $\begin{cases} x^2 - y^2 < 1 \\ x^2 + 4y^2 < 4 \end{cases}$ 　　(6) $\begin{cases} y^2 \geqq x + 1 \\ 9x^2 + y^2 \leqq 9 \end{cases}$

8   数列と級数

1, 3, 5, 7, 9, … のように数を1列に並べたものを数列といい，それぞれの数を項という．

数列
$$a_1,\ a_2,\ a_3,\ \cdots,\ a_n,\ \cdots$$
を $\{a_n\}$ で表す．

$a,\ a+d,\ a+2d,\ a+3d,\ \cdots$ の形の数列を初項 c，公差 d の等差数列という．

数列 4, 7, 10, 13, … は初項 4，公差 3 の等差数列になる．

初項 a，公差 d の等差数列 $\{a_n\}$

一般項　$a_n = a + (n-1)d$

初項から第 n 項までの和　$S_n = \dfrac{n}{2}\{2a + (n-1)d\}$

$a,\ ar,\ ar^2,\ ar^3,\ \cdots$ の形の数列を初項 a，公比 r の等比数列という．

数列 $1,\ 2,\ 2^2,\ 2^3,\ 2^4,\ \cdots$ は初項 1，公比 2 の等比数列になる．

初項 a，公比 r の等比数列 $\{a_n\}$

一般項　$a_n = ar^{n-1}$

初項から第 n 項までの和　$S_n = a\dfrac{1-r^n}{1-r}\ \ (r \neq 1)$

例題 1　(1) 初項が 3，第 5 項が 19 である等差数列の，一般項と初項から第 20 項までの和を求めよ．

(2) 初項が 12, 第 3 項が 3 である等比数列の, 一般項と初項から第 10 項までの和を求めよ.

解 (1) $a=3$, $a_5 = a+(5-1)d = 19$ であるから, $d=4$.
よって, 一般項 $a_n = 3+4(n-1) = 4n-1$. 第 20 項までの和は, 和の公式から
$$\frac{20}{2}\{2\times 3+(20-1)\times 4\} = 10\times 82 = 820$$

(2) $a=12$, $ar^2 = 3$ より $r = \pm\frac{1}{2}$. よって, 一般項は
$$a_n = 12\left(\frac{1}{2}\right)^{n-1}, \quad a_n = 12\left(-\frac{1}{2}\right)^{n-1}$$

の 2 通りある. 第 10 項までの和は, 和の公式から

公比が $\frac{1}{2}$ のとき $\quad 12\dfrac{1-\left(\frac{1}{2}\right)^{10}}{1-\frac{1}{2}} = 24\left(1-\dfrac{1}{2^{10}}\right) = \dfrac{3069}{128}$

公比が $-\frac{1}{2}$ のとき $\quad 12\dfrac{1-\left(-\frac{1}{2}\right)^{10}}{1-\left(-\frac{1}{2}\right)} = 8\left(1-\dfrac{1}{2^{10}}\right) = \dfrac{1023}{128}$

初項 a_1 から第 n 項 a_n までのすべての和を $\sum_{k=1}^{n} a_k$ で表す.

$$\sum_{k=1}^{n} a_k = a_1+a_2+a_3+\cdots+a_n$$

$$\sum_{k=1}^{n} 1 = 1+1+\cdots+1 = n$$

$$\sum_{k=1}^{n}(a_k+b_k) = \sum_{k=1}^{n}a_k + \sum_{k=1}^{n}b_k, \quad \sum_{k=1}^{n}ca_k = c\sum_{k=1}^{n}a_k$$

次の公式はよく使われる.

$$\sum_{k=1}^{n} k = \frac{1}{2}n(n+1)$$

$$\sum_{k=1}^{n} k^2 = \frac{1}{6}n(n+1)(2n+1)$$

例題 2 1から $2n-1$ までの奇数の和を求めよ．

解 $1 + 3 + 5 + \cdots + (2n-1)$
$= \sum_{k=1}^{n}(2k-1) = 2\sum_{k=1}^{n}k - \sum_{k=1}^{n}1 = 2 \times \frac{1}{2}n(n+1) - n = n^2$

別解 初項が 1，公差が 2 の等差数列であるから
$$\frac{n}{2}\{2 \times 1 + 2(n-1)\} = n^2$$

例題 3 和 $\sum_{k=1}^{n} k(k-2)$ を計算せよ．

解 $\sum_{k=1}^{n} k(k-2) = \sum_{k=1}^{n}(k^2 - 2k) = \sum_{k=1}^{n}k^2 - 2\sum_{k=1}^{n}k$
$= \frac{1}{6}n(n+1)(2n+1) - 2 \times \frac{1}{2}n(n+1) = \frac{1}{6}n(n+1)(2n-5)$

n を自然数または 0 とするとき，n の階乗 $n!$ を次のように定める．
$$n! = 1 \times 2 \times 3 \times \cdots \times (n-1) \times n, \quad 0! = 1$$
次の記号もしばしば用いられる．
$$_n\mathrm{C}_r = \frac{n!}{r!(n-r)!}$$

$_n\mathrm{C}_r$ は $\binom{n}{r}$ と書くこともあり，2 項係数と呼ばれる．2 項定理と呼ばれる $(a+b)^n$ の展開式の係数に現れるからである．たとえば，パスカルの 3 角形（2 ページ）での 4 段目の数 1,4,6,4,1 は $_4\mathrm{C}_r$ で $r = 0,1,2,3,4$ としたものと一致する：
$$_4\mathrm{C}_0 = 1, \quad _4\mathrm{C}_1 = 4, \quad _4\mathrm{C}_2 = 6, \quad _4\mathrm{C}_3 = 4, \quad _4\mathrm{C}_4 = 1$$
すなわち，$_n\mathrm{C}_r$ は $(a+b)^n$ の展開式における $a^{n-r}b^r$ の係数である．

2 項定理

$$(a+b)^n = {}_nC_0 a^n + {}_nC_1 a^{n-1}b + \cdots + {}_nC_r a^{n-r}b^r + \cdots + {}_nC_n b^n$$
$$= \sum_{r=0}^{n} {}_nC_r a^{n-r} b^r$$

${}_nC_r$ はまた，n 個のものから r 個とる組み合わせの総数にもなる．

例題 4 次の値を求めよ．
(1) $6!$ (2) $\dfrac{10!}{7!}$ (3) ${}_{12}C_8$

解 (1) $6! = 1 \times 2 \times 3 \times 4 \times 5 \times 6 = 720$
(2) $\dfrac{10!}{7!} = \dfrac{2 \times 3 \times \cdots \times 10}{2 \times 3 \times \cdots \times 7} = 8 \times 9 \times 10 = 720$
(3) ${}_{12}C_8 = \dfrac{12!}{8!(12-8)!} = \dfrac{9 \times 10 \times 11 \times 12}{2 \times 3 \times 4} = 495$

例題 5 自然数 n に対して，次を示せ．
(1) ${}_nC_1 = n$ (2) ${}_nC_2 = {}_nC_{n-2} = \dfrac{n(n-1)}{2}$

解 (1) ${}_nC_1 = \dfrac{n!}{(n-1)!} = \dfrac{1 \times 2 \times \cdots \times (n-1) \times n}{1 \times 2 \times \cdots \times (n-1)} = n$
(2) ${}_nC_2 = \dfrac{n!}{2!(n-2)!} = \dfrac{n(n-1)}{2}$
${}_nC_{n-2} = \dfrac{n!}{(n-2)!(n-(n-2))!} = \dfrac{n!}{2!(n-2)!} = \dfrac{n(n-1)}{2}$

例題 6 $(x+1)^5$ を展開せよ．

解 ${}_5C_1 = 5,\ {}_5C_2 = {}_5C_3 = \dfrac{5 \times 4}{2} = 10,\ {}_5C_4 = 5$ であるから
$$(x+1)^5 = x^5 + {}_5C_1 x^4 + {}_5C_2 x^3 + {}_5C_3 x^2 + {}_5C_4 x + 1$$
$$= x^5 + 5x^4 + 10x^3 + 10x^2 + 5x + 1$$

練習問題 8

1. 次を $\sum$ を用いずに表示せよ．

(1) $\displaystyle\sum_{k=1}^{6} k$ (2) $\displaystyle\sum_{k=5}^{10}(k-1)$ (3) $\displaystyle\sum_{k=0}^{5}(2k+3)$

(4) $\displaystyle\sum_{m=1}^{5}\frac{1}{m}$ (5) $\displaystyle\sum_{k=1}^{8}(k^2-2k)$ (6) $\displaystyle\sum_{r=0}^{4}(r+2)!$

2. 次の和を $\sum$ を用いて表せ．

(1) $1+2+3+\cdots+50$ (2) $2+4+6+\cdots+98+100$

(3) $11^3+12^3+13^3+\cdots+40^3$ (4) $\sqrt{1}+\sqrt{2}+\sqrt{3}+\cdots+\sqrt{10}$

(5) $x_0+x_1+x_2+\cdots+x_m$

(6) $f(n)+f(n+1)+f(n+2)+\cdots+f(n+m)$

(7) $1+\dfrac{1}{2^2}+\dfrac{1}{3^2}+\dfrac{1}{4^2}+\cdots$ (8) $\dfrac{1}{1\cdot 3}+\dfrac{1}{3\cdot 5}+\dfrac{1}{5\cdot 7}+\cdots+\dfrac{1}{99\cdot 101}$

(9) $1+3+7+15+31+63+\cdots+1023$

3. 次の等差数列と等比数列の和を求めよ．

(1) 初項 5，公差 2，第 20 項まで

(2) 初項 30，公差 -4，第 30 項まで

(3) 初項 10，公比 $\dfrac{1}{3}$，第 20 項まで

(4) 初項 1，公比 -3，第 30 項まで

4. 次の和を求めよ．

(1) 1 から 500 までの整数の和

(2) 1 から 200 までの整数のうち，3 で割ると 1 余る数の和

(3) 3 から 999 までの 3 の倍数の和

(4) 3 桁の偶数の和

5. 次の和を求めよ．

(1) $\displaystyle\sum_{k=1}^{n} 2k$ (2) $\displaystyle\sum_{k=1}^{n}(3k-1)$ (3) $\displaystyle\sum_{k=1}^{n}(n-k)$

(4) $\displaystyle\sum_{k=1}^{n}(k^2+3k)$ (5) $\displaystyle\sum_{k=1}^{n}\frac{1}{k(k+1)}$ (6) $\displaystyle\sum_{k=1}^{n}\frac{1}{\sqrt{k+1}+\sqrt{k}}$

6. 次のような数列の第 n 項 a_n を n の式で表せ．また，初めの n 項の和 S_n を求めよ．

(1) $1 \cdot 4,\ 3 \cdot 5,\ 5 \cdot 6,\ 7 \cdot 7,\ \cdots$

(2) $1,\ 1+2,\ 1+2+3,\ 1+2+3+4,\ \cdots$

(3) $1,\ 11,\ 111,\ 1111,\ \cdots$

7. 次の値を求めよ．

(1) $4! \times 6!$ (2) $\dfrac{6!}{5!}$ (3) $\dfrac{8!}{4!}$ (4) $\dfrac{9! \times 5!}{(7!)^2}$

(5) $3! \times {}_8C_3$ (6) $\dfrac{{}_9C_6}{4!}$ (7) ${}_7C_5 \times {}_{10}C_4$ (8) $\dfrac{{}_{12}C_6}{{}_9C_6 \times {}_{10}C_5}$

8. 2項定理を用いて，次の式を展開せよ．

(1) $(a+b)^6$ (2) $(x+1)^7$ (3) $(x-2y)^5$

9. 2項係数に関する次の等式を示せ．

(1) ${}_nC_r = {}_{n-1}C_{r-1} + {}_{n-1}C_r$

(2) ${}_nC_0 + {}_nC_1 + {}_nC_2 + \cdots + {}_nC_n = 2^n$

(3) ${}_nC_0 - {}_nC_1 + {}_nC_2 - \cdots + (-1)^n\, {}_nC_n = 0$

9 極限

数列 $\{a_n\}$ において,n が限りなく大きくなるにつれて,a_n が一定の有限な値 α に限りなく近づくとき

$$\lim_{n\to\infty} a_n = \alpha, \quad \text{または} \quad n \to \infty \text{ のとき} \quad a_n \to \alpha$$

で表し,α を数列 $\{a_n\}$ の極限 (または極限値) という.このとき,数列 $\{a_n\}$ は α に収束するという.数列 $\{a_n\}$ が収束しないときは発散するという.

また,n を限りなく大きくすると,a_n が限りなく大きくなるとき,数列 $\{a_n\}$ は正の無限大 ∞ に発散するといい

$$\lim_{n\to\infty} a_n = \infty, \quad \text{または} \quad n \to \infty \text{ のとき} \quad a_n \to \infty$$

で表す.

例題 1 次の極限値を求めよ.
(1) $\displaystyle\lim_{n\to\infty} \frac{3n-1}{n+1}$ (2) $\displaystyle\lim_{n\to\infty} (\sqrt{n^2+3n}-n)$

解 (1) 数列 $1, \dfrac{1}{2}, \dfrac{1}{3}, \dfrac{1}{4}, \dfrac{1}{5}, \cdots, \dfrac{1}{n}, \cdots$ で,n が限りなく大きくなるとき,第 n 項 $\dfrac{1}{n}$ は 0 に近づくから $\displaystyle\lim_{n\to\infty} \dfrac{1}{n} = 0$.したがって

$$\lim_{n\to\infty} \frac{3n-1}{n+1} = \lim_{n\to\infty} \frac{3-\dfrac{1}{n}}{1+\dfrac{1}{n}} = \frac{3-0}{1+0} = 3$$

(2) $\displaystyle\lim_{n\to\infty} (\sqrt{n^2+3n}-n) = \lim_{n\to\infty} \frac{(\sqrt{n^2+3n}-n)(\sqrt{n^2+3n}+n)}{(\sqrt{n^2+3n}+n)}$

$= \displaystyle\lim_{n\to\infty} \frac{3n}{\sqrt{n^2+3n}+n} = \lim_{n\to\infty} \frac{3}{\sqrt{1+\dfrac{3}{n}}+1} = \frac{3}{\sqrt{1+0}+1} = \frac{3}{2}$

r を $-1 < r < 1$ を満たす数,たとえば $r = \dfrac{1}{2}$ とすれば

$$\dfrac{1}{2},\ \left(\dfrac{1}{2}\right)^2 = \dfrac{1}{4},\ \left(\dfrac{1}{2}\right)^3 = \dfrac{1}{8},\ \left(\dfrac{1}{2}\right)^4 = \dfrac{1}{16},\ \cdots,\ \left(\dfrac{1}{2}\right)^n = \dfrac{1}{2^n},\ \cdots$$

は n が大きくなるにつれて,0 に近づくので

$$-1 < r < 1\ \text{ならば},\ n \to \infty\ \text{のとき}\quad r^n \to 0$$

が成り立つ.したがって,等比数列の和の公式

$$1 + r + r^2 + r^3 + \cdots\cdots + r^n = \dfrac{1 - r^n}{1 - r}$$

において,$n \to \infty$ とすれば

無限等比級数

$$1 + r + r^2 + r^3 + \cdots + r^n + \cdots = \dfrac{1}{1 - r} \qquad (-1 < r < 1)$$

無限級数 $\displaystyle\sum_{n=1}^{\infty} a_n = a_1 + a_2 + a_3 + \cdots + a_n + \cdots$ の第 n 項までの部分和 $S_n = \displaystyle\sum_{k=1}^{n} a_k = a_1 + a_2 + a_3 + \cdots + a_n$ に対して,数列 $\{S_n\}$ が 1 つの値 S に収束する,すなわち

$$\lim_{n \to \infty} S_n = \lim_{n \to \infty} \sum_{k=1}^{n} a_k = S$$

であるとき,無限級数 $\displaystyle\sum_{n=1}^{\infty} a_n$ は S に収束するといい,$S = \displaystyle\sum_{n=1}^{\infty} a_n$ をこの無限級数の和という.

例題 2 次の無限級数は収束することを示し,和を求めよ.
(1) $\dfrac{1}{1 \cdot 2} + \dfrac{1}{2 \cdot 3} + \cdots + \dfrac{1}{n(n+1)} + \cdots$
(2) $1 + \dfrac{1}{3} + \dfrac{1}{3^2} + \dfrac{1}{3^3} + \cdots + \dfrac{1}{3^n} + \cdots$

解 (1) $\dfrac{1}{k(k+1)}$ を部分分数に展開すれば,$\dfrac{1}{k(k+1)} = \dfrac{1}{k} - \dfrac{1}{k+1}$ であるから,

n 項までの部分和 S_n は

$$S_n = \sum_{k=1}^{n} \frac{1}{k(k+1)} = \sum_{k=1}^{n} \left(\frac{1}{k} - \frac{1}{k+1} \right)$$

$$= \left(1 - \frac{1}{2}\right) + \left(\frac{1}{2} - \frac{1}{3}\right) + \cdots + \left(\frac{1}{n} - \frac{1}{n+1}\right) = 1 - \frac{1}{n+1}$$

よって，$\displaystyle\lim_{n\to\infty} S_n = \lim_{n\to\infty}\left(1 - \frac{1}{n+1}\right) = 1$ すなわち，この無限級数は収束して和は 1 である．

(2) この無限級数は公比 $r = \dfrac{1}{3}$ の無限等比級数であるから，収束する．和は

$$1 + \frac{1}{3} + \frac{1}{3^2} + \frac{1}{3^3} + \cdots = \frac{1}{1 - \dfrac{1}{3}} = \frac{3}{2}$$ ∎

例題 3 数 $0.999\cdots$ (無限に 9 が続く) は 1 と一致することを示せ．

解 $0.999\cdots$ を $0.\dot{9}$ と書く．

$$0.\dot{9} = 0.9 + 0.09 + 0.009 + \cdots\cdots = 0.9\left(1 + \frac{1}{10} + \frac{1}{10^2} + \cdots\cdots\right)$$

であるから，無限等比級数の和の公式から

$$0.\dot{9} = 0.9\,\frac{1}{1 - \dfrac{1}{10}} = \frac{9}{10} \times \frac{10}{9} = 1$$ ∎

注意 $0.\dot{9}$ は 1 の別の表し方である．

関数 $f(x)$ において，$x(\neq a)$ が限りなく a に近づくとき，$f(x)$ が一定の有限な値 α に限りなく近づくならば

$$\lim_{x\to a} f(x) = \alpha \quad \text{または} \quad x \to a \text{ のとき } f(x) \to \alpha$$

で表し，α を $x \to a$ のときの $f(x)$ の極限 (または極限値) という．このとき，関数 $f(x)$ は $x \to a$ のとき，α に収束するという．

また，$x(\neq a)$ が限りなく a に近づくとき，

a より大きい値をとりながら近づくことを $x \to a + 0$

a より小さい値をとりながら近づくことを $x \to a - 0$

で表す.とくに $a=0$ のときはそれぞれ $x \to +0$, $x \to -0$ と書く.

$$\lim_{x \to a+0} f(x) = \lim_{x \to a-0} f(x) = \alpha \quad \text{ならば} \quad \lim_{x \to a} f(x) = \alpha$$

$x \to \infty$ のときも,同様に $\lim_{x \to \infty} f(x) = \alpha$ が定義される.

$x \to a$ のとき,$f(x)$ の値が限りなく大きくなるならば

$$\lim_{x \to a} f(x) = \infty$$

で表し,$x \to a$ のとき,$f(x)$ は正の無限大 ∞ に発散するという.

例題 4 次の極限値を求めよ.
(1) $\lim_{x \to 1} \dfrac{x^2 - x}{x^2 - 1}$ (2) $\lim_{x \to 1} \dfrac{\sqrt{x} - 1}{x - 1}$

解 (1) $\lim_{x \to 1} \dfrac{x^2 - x}{x^2 - 1} = \lim_{x \to 1} \dfrac{x(x-1)}{(x+1)(x-1)} = \lim_{x \to 1} \dfrac{x}{x+1} = \dfrac{1}{1+1} = \dfrac{1}{2}$

(2) $\lim_{x \to 1} \dfrac{\sqrt{x} - 1}{x - 1} = \lim_{x \to 1} \dfrac{(\sqrt{x}-1)(\sqrt{x}+1)}{(x-1)(\sqrt{x}+1)}$
$= \lim_{x \to 1} \dfrac{x - 1}{(x-1)(\sqrt{x}+1)} = \lim_{x \to 1} \dfrac{1}{\sqrt{x}+1} = \dfrac{1}{2}$

例題 5 次の極限値を求めよ.
(1) $\lim_{x \to \infty} \dfrac{x^2 - 3x + 1}{3x^2 + x}$ (2) $\lim_{x \to -\infty} \dfrac{x^2 + x}{x - 1}$ (3) $\lim_{x \to +0} \dfrac{x}{|x|}$

解 (1) $\lim_{x \to \infty} \dfrac{x^2 - 3x + 1}{3x^2 + x} = \lim_{x \to \infty} \dfrac{1 - \dfrac{3}{x} + \dfrac{1}{x^2}}{3 + \dfrac{1}{x}} = \dfrac{1}{3}$

(2) $x \to -\infty$ は $x < 0$ であって $|x| \to \infty$ を表す.

$$\lim_{x \to -\infty} \dfrac{x^2 + x}{x - 1} = \lim_{x \to -\infty} \dfrac{x + 1}{1 - \dfrac{1}{x}} = -\infty$$

(3) $x \to +0$ より $x > 0$ であるから,$\dfrac{x}{|x|} = \dfrac{x}{x} = 1$.よって,$\lim_{x \to +0} \dfrac{x}{|x|} = 1$

練習問題 9

1. 次の極限値を求めよ．

(1) $\displaystyle\lim_{n\to\infty} \frac{n-3}{2n+1}$ (2) $\displaystyle\lim_{n\to\infty} \frac{n-1}{n^2+2}$

(3) $\displaystyle\lim_{n\to\infty} \frac{n^2+n-1}{4n^2+5}$ (4) $\displaystyle\lim_{n\to\infty} \frac{n-1}{3-2n}$

(5) $\displaystyle\lim_{n\to\infty} \left(2 - \frac{n+3}{2n-4}\right)$ (6) $\displaystyle\lim_{n\to\infty} (\sqrt{n+2} - \sqrt{n})$

(7) $\displaystyle\lim_{n\to\infty} \frac{\sqrt{2n^2-n}}{\sqrt{n^2+1}+n}$ (8) $\displaystyle\lim_{n\to\infty} \frac{2}{n-\sqrt{n^2+3n}}$

(9) $\displaystyle\lim_{n\to\infty} (n^2 - 2n)$ (10) $\displaystyle\lim_{n\to\infty} (5n - 3n^2)$

(11) $\displaystyle\lim_{n\to\infty} \frac{2^n + 3^n}{4^n}$ (12) $\displaystyle\lim_{n\to\infty} \frac{3^n - 5^n}{2^n + 5^n}$

2. 次の数列の収束・発散について調べよ．

(1) $1, \dfrac{1}{2^2}, \dfrac{1}{3^2}, \dfrac{1}{4^2}, \cdots$ (2) $\sqrt{2}, \sqrt{4}, \sqrt{6}, \sqrt{8}, \cdots$

(3) $1, \dfrac{3}{2}, \dfrac{5}{3}, \dfrac{7}{4}, \dfrac{9}{5}, \cdots$ (4) $2, -\dfrac{3}{2}, \dfrac{4}{3}, -\dfrac{5}{4}, \dfrac{6}{5}, \cdots$

3. 次の無限級数は収束するか．収束するものについてはその和を求めよ．

(1) $1 - \dfrac{3}{2} + \dfrac{9}{4} - \dfrac{27}{8} + \cdots$ (2) $4 - 2 + 1 - \dfrac{1}{2} + \dfrac{1}{4} - \dfrac{1}{8} + \cdots$

(3) $\dfrac{1}{1\cdot 3} + \dfrac{1}{3\cdot 5} + \dfrac{1}{5\cdot 7} + \cdots$

4. 次の無限等比級数が収束するときの実数 x の値の範囲を求めて，そのときの和も求めよ．

(1) $1 + \dfrac{x}{2} + \dfrac{x^2}{4} + \dfrac{x^3}{8} + \cdots$ (2) $1 - 3x + 9x^2 - 27x^3 + \cdots$

5. 次の無限級数の和を求めよ．

(1) $\displaystyle\sum_{n=0}^{\infty} \frac{1+2^n}{3^n}$ (2) $\displaystyle\sum_{n=1}^{\infty} \frac{3^n+5^n}{6^n}$

6. 次の循環小数を分数で表せ．

(1) $0.\dot{7} = 0.777\cdots$ (2) $0.\dot{5}\dot{3} = 0.535353\cdots$

7. 次の極限値を求めよ．

(1) $\displaystyle\lim_{x\to 2} x(x^2 - x + 6)$ (2) $\displaystyle\lim_{x\to 1} \frac{x^2+x-2}{x-1}$

(3) $\displaystyle\lim_{x\to -1}\frac{x^3+1}{x+1}$ (4) $\displaystyle\lim_{x\to 1}\frac{x^2+4x-5}{x^2-1}$

(5) $\displaystyle\lim_{x\to\infty}\frac{2x^2+2x+1}{x^2+3x+6}$ (6) $\displaystyle\lim_{x\to -\infty}\frac{3x^2+1}{x+1}$

(7) $\displaystyle\lim_{x\to 1+0}\frac{x}{x-1}$ (8) $\displaystyle\lim_{x\to 0}\frac{x^2+x}{|x|}$

8. 次の等式が成り立つように定数の値を定めよ．

(1) $\displaystyle\lim_{x\to 1}\frac{x^2+ax+b}{x-1}=4$ (2) $\displaystyle\lim_{x\to 1}\frac{ax+b}{\sqrt{x}-1}=4$

9. $\displaystyle\lim_{x\to 1}\frac{f(x)}{x-1}=1,\ \lim_{x\to 2}\frac{f(x)}{x-2}=2$ となるような多項式 $f(x)$ のうち次数のもっとも低いものを求めよ．

10 指数と指数関数

a を n 個掛け合わせた $a \cdot a \cdots a = a^n$ を a の n 乗という．n を a^n の指数，$a, a^2, a^3, \cdots, a^n, \cdots$ をまとめて a のべき (累乗) という．

指数が 0 と負の整数の場合は

$$a^0 = 1, \quad a^{-n} = \frac{1}{a^n} \quad (n = 1, 2, 3, \cdots)$$

n を自然数 (正の整数のこと) とするとき，n 乗すると a になる数，すなわち $x^n = a$ を満たす実数 x を a の n 乗根という．

たとえば，16 の 4 乗根は 2 と -2，-27 の 3 乗根は -3 である．

なお，ここでは実数の範囲内だけで考えている．

> n が奇数のとき，a の n 乗根はただ 1 つ定まる．それを $\sqrt[n]{a}$ で表す．
> n が偶数のとき，$a > 0$ ならば，2 個の n 乗根 $\sqrt[n]{a}$, $-\sqrt[n]{a}$ が存在する．
> （2 乗根は平方根と呼ばれ，$\sqrt{a}$ で表す）
> $a < 0$ ならば，n 乗根は存在しない．
> $a > 0$ のとき，a の n 乗根 $\sqrt[n]{a}$ は $a^{\frac{1}{n}}$ とも書かれる．

$a > 0$, m, n は自然数，r は正の有理数のとき

$$a^{\frac{m}{n}} = (a^{\frac{1}{n}})^m = (a^m)^{\frac{1}{n}} = \sqrt[n]{a^m}, \quad a^{-r} = \frac{1}{a^r}$$

$a > 0$, $b > 0$ で，p, q が有理数のとき，次の指数法則が成り立つ．

指数法則

$a^p \times a^q = a^{p+q}, \quad \dfrac{a^p}{a^q} = a^{p-q}, \quad (a^p)^q = a^{pq}$

$(ab)^p = a^p b^p, \quad \left(\dfrac{a}{b}\right)^p = \dfrac{a^p}{b^p}$

例題 1 次の値を求めよ．

(1) $(27^4)^{-\frac{1}{3}}$ (2) $(32^3)^{\frac{1}{5}} \times 4^{-2}$ (3) $\sqrt[3]{\sqrt[4]{64}}$

解 (1) $(27^4)^{-\frac{1}{3}} = ((3^3)^4)^{-\frac{1}{3}} = 3^{3 \times 4 \times (-\frac{1}{3})} = 3^{-4} = \dfrac{1}{81}$

(2) $(32^3)^{\frac{1}{5}} \cdot 4^{-2} = ((2^5)^3)^{\frac{1}{5}} (2^2)^{-2} = 2^{5 \times 3 \times \frac{1}{5} + 2 \times (-2)} = 2^{-1} = \dfrac{1}{2}$

(3) $\sqrt[3]{\sqrt[4]{64}} = \left((2^6)^{\frac{1}{4}}\right)^{\frac{1}{3}} = 2^{6 \times \frac{1}{4} \times \frac{1}{3}} = 2^{\frac{1}{2}} = \sqrt{2}$

例題 2 次の式を簡単にせよ．

(1) $\sqrt[3]{a^2} \times \sqrt[4]{a^3} \div \sqrt[12]{a^{11}}$ (2) $\left(a^{-\frac{9}{8}}\right)^{-\frac{4}{3}} \times \sqrt{a} \times (a^{-2})^{-3} \div a^4$

解 (1) 与式 $= a^{\frac{2}{3}} \times a^{\frac{3}{4}} \div a^{\frac{11}{12}} = a^{\frac{2}{3} + \frac{3}{4} - \frac{11}{12}} = a^{\frac{1}{2}} = \sqrt{a}$

(2) 与式 $= a^{(-\frac{9}{8}) \times (-\frac{4}{3})} \times a^{\frac{1}{2}} \times a^{(-2) \times (-3)} \div a^4 = a^{\frac{3}{2} + \frac{1}{2} + 6 - 4} = a^4$

指数が無理数のとき，たとえば $\sqrt{3}$ に対して，2 のべきの列 2^1, $2^{1.7}$, $2^{1.73}$, $2^{1.732}$, $\cdots\cdots$ を考える．この数列は次第に一定の値に近づいていくことがわかり，その一定の値 (すなわち，この数列の極限) を $2^{\sqrt{3}}$ と定める．このように考えれば，$a > 0$ のとき，任意の実数 x に対して a^x の値が定まる．このようにして指数を実数にまで拡張しても前ページの指数法則はそのまま成り立つ．

$a > 0$, $a \neq 1$ のとき関数 $y = a^x$ を a を底とする指数関数という．

指数関数

$y = a^x$ はすべての実数 x に対して定義されて，グラフは点 $(0, 1)$ を通る

$a > 1$ ならば，増加関数

$$\lim_{x \to -\infty} a^x = 0, \quad \lim_{x \to \infty} a^x = \infty$$

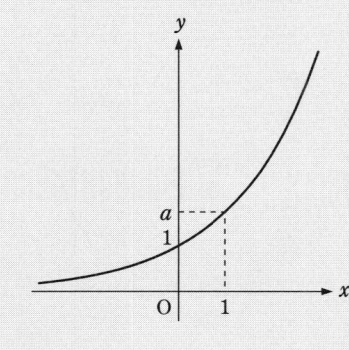

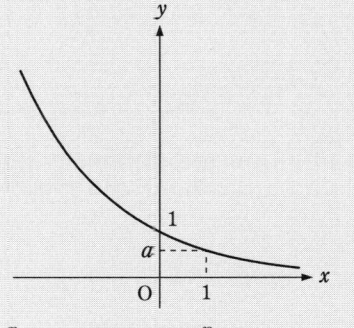

$0 < a < 1$ ならば，減少関数

$$\lim_{x \to -\infty} a^x = \infty, \quad \lim_{x \to \infty} a^x = 0$$

$a > 1$, $x > 0$ のとき, $\displaystyle\lim_{x \to \infty} \frac{a^x}{x^n} = \infty$, $\displaystyle\lim_{x \to \infty} \frac{x^n}{a^x} = 0$

例題 3 次の関数のグラフをかけ．

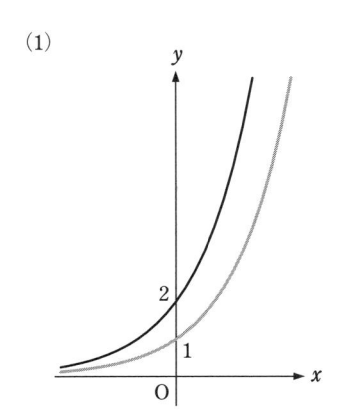

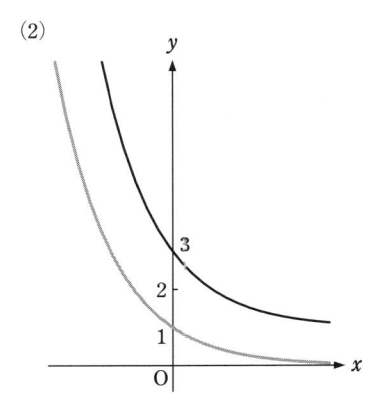

(1) $y = 2^{x+1}$ (2) $y = \left(\dfrac{1}{2}\right)^{x-1} + 1$

解 (1) $y = 2^{x+1}$ は $y = 2^x$ のグラフを x 軸方向に -1 だけ平行移動したものである．
(2) $y = \left(\dfrac{1}{2}\right)^{x-1}$ のグラフは，$y = \left(\dfrac{1}{2}\right)^x$ のグラフを x 軸方向に 1 だけ平行移動し

(1)

(2)

たものである．$y = \left(\dfrac{1}{2}\right)^{x-1} + 1$ はそれをさらに y 軸方向に 1 だけ平行移動したものである．

$y = a^x$ $(a > 1)$ に対して，点 $(0,1)$ での接線の傾きは，底 a の値が大きくなると大きくなり，底 a の値が小さくなると小さくなる．傾きがちょうど 1 (勾配が $45°$) のときの底の値を e と書く．e は無理数で，次の形で表される．

$$e = \lim_{n \to \infty} \left(1 + \frac{1}{n}\right)^n = 2.71828\cdots$$
$$= 1 + 1 + \frac{1}{2!} + \frac{1}{3!} + \cdots + \frac{1}{n!} + \cdots$$

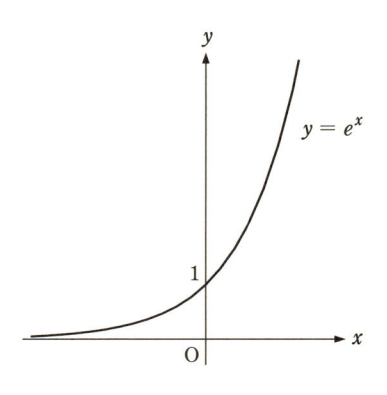

e を底とする指数関数 $y = e^x$ を通常は単に指数関数と呼ぶ．

練習問題 10

1. 次の式を x^α の形で表せ．

(1) $\sqrt{x^5}$ (2) $\sqrt[5]{x^4}$ (3) $\sqrt{\sqrt[5]{x}}$

(4) $\sqrt[3]{x^2}\sqrt{x}$ (5) $\dfrac{\sqrt[4]{x}}{x}$ (6) $\dfrac{\sqrt[4]{x^2}}{\sqrt[3]{x}}$

2. 次の値を求めよ．

(1) $25^{\frac{1}{2}}$ (2) $32^{\frac{1}{5}}$ (3) $81^{\frac{3}{4}}$

(4) $9^{-1.5}$ (5) 0.5^{-2} (6) $(2^{\frac{1}{2}} \times 2^{\frac{1}{3}})^6$

(7) $9^{\frac{2}{3}} \times 9^{-\frac{1}{6}}$ (8) $0.125^{\frac{1}{3}} \times 16^{0.75}$ (9) $3^{1.5} \times 27^{-1} \times \sqrt{3}$

(10) $(9^4)^{-\frac{1}{2}} \div 27^{-\frac{1}{3}}$ (11) $\left(\left(\dfrac{9}{16}\right)^{-\frac{2}{3}}\right)^{\frac{3}{4}}$

(12) $6^6 \div 2^5 \times 3^{-4}$ (13) $2^{\frac{1}{3}} \times 3^{\frac{1}{2}} \times 6^{-\frac{1}{6}} \times 1.5^{-\frac{1}{3}}$

3. 次の値を求めよ．

   (1) $\sqrt[4]{10000}$　　(2) $\sqrt[3]{-64}$　　(3) $\sqrt[6]{125}$　　(4) $(\sqrt[4]{7})^8$

   (5) $\sqrt[3]{\sqrt{3^{12}}}$　　(6) $\sqrt[4]{324} \times \sqrt{8}$　　(7) $\sqrt[4]{\dfrac{16}{625}}$　　(8) $\sqrt[3]{81} \div \sqrt[3]{24}$

   (9) $\dfrac{\sqrt{6}}{\sqrt[3]{12}} \times 2^{\frac{1}{6}}$　　(10) $(3^{\sqrt{8}})^{\sqrt{2}}$　　(11) $\sqrt{\sqrt[3]{27^{-2}} \times \sqrt{81^3}}$

4. 次の式を簡単にせよ．

   (1) $(a^6 a^{-4})^2$　　(2) $(\sqrt{a} \cdot a^{\frac{1}{3}})^6$　　(3) $\sqrt[6]{a^5} \div a^{\frac{1}{2}}$

   (4) $(a^{\frac{3}{4}} b^{-\frac{2}{3}}) \times (a^{-\frac{1}{2}} b)$　　(5) $(a^{-2} b^3)^2 \times a^3 \times (b^{-1})^5$

   (6) $(a^{\frac{4}{3}} b^{-\frac{2}{3}})^{\frac{1}{2}} \div (a^{-\frac{2}{3}} b^{\frac{1}{6}})^2$

   (7) $(x^{\frac{1}{6}} + x^{-\frac{1}{6}})(x^{\frac{1}{6}} - x^{-\frac{1}{6}})(x^{\frac{2}{3}} + x^{-\frac{2}{3}} + 1)$

5. 次の各組の数の大小を比較せよ．

   (1) $\sqrt{2},\ \sqrt[3]{32},\ \sqrt[4]{64}$　　(2) $\sqrt{\dfrac{1}{3}},\ \sqrt[3]{\dfrac{1}{9}},\ \sqrt[4]{\dfrac{1}{27}}$

6. 次の関数のグラフをかけ．

   (1) $y = 2^{2x}$　　(2) $y = 2^x + 1$　　(3) $y = 2e^x$

   (4) $y = e^{-x}$　　(5) $y = -3^{-x}$　　(6) $y = -e^{x+1}$

7. 次の方程式を解け．

   (1) $8^x = 2^{x+2}$　　(2) $(\sqrt{2})^x = \dfrac{1}{4}$　　(3) $\left(\dfrac{1}{9}\right)^{2x+3} = 3$

   (4) $25^x = 5^{6-x}$　　(5) $(2^x - 6)(2^x + 1) + 10 = 0$

8. 次の不等式を満たす x の範囲を求めよ．

   (1) $3^{2x-7} > \dfrac{1}{27}$　　(2) $\left(\dfrac{1}{3}\right)^x < 27$

   (3) $9^x - 10 \cdot 3^x + 9 \geqq 0$　　(4) $8 \cdot 2^x + 2^{-x} < 9$

9. 次の極限値を求めよ．

   (1) $\displaystyle\lim_{x \to \infty} \dfrac{2^x}{x}$　　(2) $\displaystyle\lim_{x \to \infty} \dfrac{x^2}{e^x}$　　(3) $\displaystyle\lim_{x \to \infty} 2^{\frac{1}{x}}$　　(4) $\displaystyle\lim_{x \to -0} 2^{\frac{1}{x}}$

   (5) $\displaystyle\lim_{x \to \infty} e^{-x}$　　(6) $\displaystyle\lim_{x \to \infty} (3^x - 2^x)$　　(7) $\displaystyle\lim_{x \to \infty} \left(1 + \dfrac{1}{x}\right)^{-x}$

   (8) $\displaystyle\lim_{x \to \infty} \dfrac{2^x + 3^{-x}}{5^x}$　　(9) $\displaystyle\lim_{x \to 0} (1 + x)^{\frac{1}{x}}$　　(10) $\displaystyle\lim_{x \to \infty} \dfrac{2^x + 2^{-x}}{2^x - 2^{-x}}$

11 対数と対数関数

$a > 0$, $a \neq 1$, $b > 0$ のとき

$$x = \log_a b \iff b = a^x$$

$\log_a b$ を a を底とする b の対数，b をこの対数の真数という．

$$\log_a 1 = 0, \quad \log_a a = 1$$
$$\log_a a^x = x, \quad a^{\log_a b} = b$$

例題 1 次の値を求めよ．
 (1) $\log_2 32$ (2) $\log_9 3$ (3) $\log_{\frac{1}{2}} 16$

解 (1) $\log_2 32 = x$ とおくと，$2^x = 32 = 2^5$．よって，$x = 5$．
(2) $\log_9 3 = x$ とおくと，$9^x = 3$ すなわち $(3^2)^x = 3^1$ より $2x = 1$．よって，$x = \dfrac{1}{2}$．
(3) $\log_{\frac{1}{2}} 16 = x$ とおくと，$\left(\dfrac{1}{2}\right)^x = 16$ すなわち $2^{-x} = 2^4$．よって，$x = -4$．

対数の定義と指数法則から，$a > 0$, $a \neq 1$, $b > 0$, $c > 0$ のとき

$$\log_a b + \log_a c = \log_a bc, \quad \log_a b - \log_a c = \log_a \dfrac{b}{c}$$
$$\log_a b^r = r \log_a b, \quad \log_a b = \dfrac{\log_k b}{\log_k a} \quad (k > 0, \ k \neq 1)$$

例題 2 次の式を簡単にせよ．

(1) $\log_6 3 + \log_6 12$ (2) $\log_4 \sqrt{32} - \log_2 4$

解 (1) 与式 $= \log_6(3 \times 12) = \log_6 36 = \log_6 6^2 = 2\log_6 6 = 2$

(2) 与式 $= \dfrac{\log_2 \sqrt{32}}{\log_2 4} - \dfrac{\log_2 4}{\log_2 2} = \dfrac{\log_2 2^{\frac{5}{2}}}{\log_2 2^2} - \dfrac{\log_2 2^2}{\log_2 2} = \dfrac{\frac{5}{2}}{2} - 2 = \dfrac{5}{4} - 2 = -\dfrac{3}{4}$

$x = \log_a y$ は $y = a^x$ と同じことを表しているから，x と y を入れかえた関数 $y = \log_a x$ は $y = a^x$ の逆関数になる．そこで，$a > 0$，$a \neq 1$ のとき，指数関数 $y = a^x$ の逆関数 $y = \log_a x$ を a を底とする対数関数という．

対数関数

$y = \log_a x$ は指数関数 $y = a^x$ の逆関数であって，すべての $x > 0$ に対して定義される．グラフは点 $(1, 0)$ を通り，$y = a^x$ のグラフと直線 $y = x$ に関して対称で，

    $a > 1$ ならば   単調増加 $0 < a < 1$ ならば   単調減少

$\displaystyle\lim_{x \to +0} \log_a x = -\infty, \ \lim_{x \to \infty} \log_a x = \infty$ $\displaystyle\lim_{x \to +0} \log_a x = \infty, \ \lim_{x \to \infty} \log_a x = -\infty$

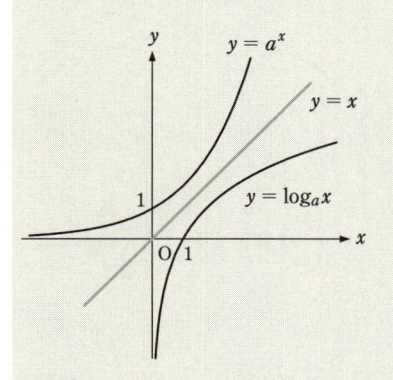

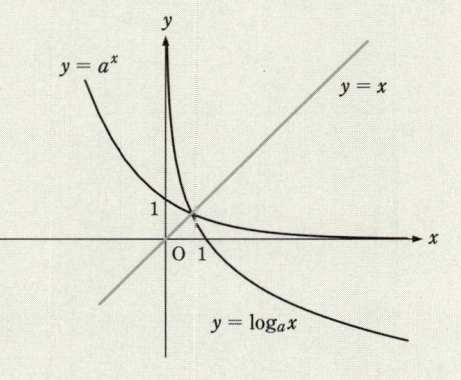

$$e = \lim_{n \to \infty} \left(1 + \frac{1}{n}\right)^n = 2.71828\cdots$$
(50 ページ) を底とする x の対数 $\log_e x$ を自然対数という．そのため，e は自然対数の底と呼ばれる．通常，底 e を省略して，$\log x$ で表す．$\log x$ はまた $\ln x$ と書くこともある．そこで，$y = \log x$ を単に対数関数と呼び，その逆関数は指数関数 $y = e^x$ である．

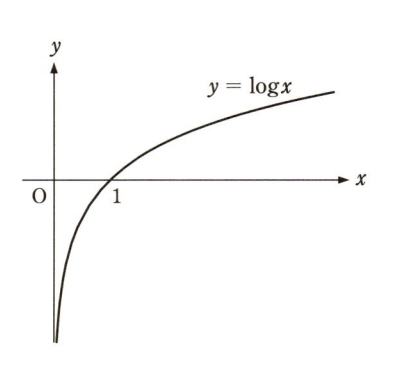

また，底が 10 の対数 $\log_{10} x$ は常用対数と呼ばれる．

例題 3 次の関数のグラフをかけ．
(1) $y = \log_2(x-1)$ (2) $y = 1 + \log x$

解 (1) $y = \log_2 x$ のグラフを x 軸方向に 1 だけ平行移動したものである．
(2) $y = \log x$ のグラフを y 軸方向に 1 だけ平行移動したものである．

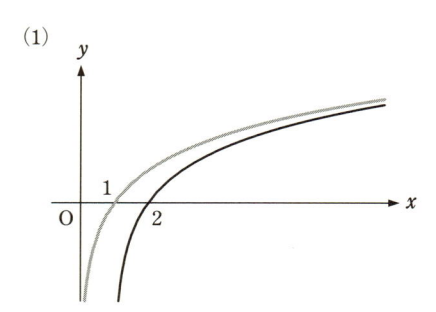

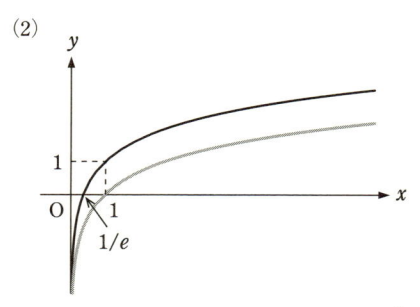

練習問題 11

1. 指数の関係式は対数の形で，対数の関係式は指数の形で表せ．
(1) $3^4 = 81$ (2) $16^{\frac{3}{4}} = 8$ (3) $0.1^{-2} = 100$
(4) $\log_{10} 1000 = 3$ (5) $\log_{\frac{1}{3}} 9 = -2$ (6) $\log_{\sqrt{5}} 25 = 4$

2. 次の値を求めよ．
   (1) $\log_{10} \dfrac{1}{100}$ 　　　　　(2) $\log_5 \sqrt[3]{25}$
   (3) $\log_{\frac{1}{3}} 27$ 　　　　　(4) $\log_4 8\sqrt{2}$
   (5) $\log_{0.2} \dfrac{1}{\sqrt{5}}$ 　　　　　(6) $\log_{\sqrt{7}} 49$

3. 次の式を簡単にせよ．
   (1) $\log_{10} 4 + \log_{10} 25$ 　　　(2) $\log_3 72 - \log_3 8$
   (3) $\log_2 24 - \log_4 64$ 　　　(4) $\log_2 6 \times \log_6 4$
   (5) $\log_3 8 \times \log_5 3 \times \log_2 25$ 　　　(6) $\dfrac{\log_3 4}{\log_9 64}$
   (7) $\log_2 \sqrt{12} - \log_2 \sqrt{54} + \log_2 3$ 　　　(8) $(\log_2 3 + \log_4 9)(\log_3 8 + \log_9 16)$

4. $\log_2 5 = u$, $\log_5 3 = v$ とするとき，次を u, v を用いて表せ．
   (1) $\log_3 2$ 　　(2) $\log_{\sqrt{2}} 30$ 　　(3) $\log_{10} 18$

5. 次の各組の数の大小を比較せよ．
   (1) $\log_2 3$, $\log_3 2$, $\log_4 8$ 　　(2) $\log_4 9$, $\log_9 25$, $\dfrac{3}{2}$

6. $\log_{10} 2 = 0.3010$, $\log_{10} 3 = 0.4771$ として次の常用対数の値を計算せよ．
   (1) $\log_{10} 24$ 　　(2) $\log_{10} \dfrac{81}{20}$ 　　(3) $\log_{10} \sqrt{\dfrac{3}{5}}$

7. 次の式を変形することにより指定された文字を他の文字を用いて表せ．
   (1) $3^{2A-1} = 2^{B+1}$ 　　(B) 　　(2) $y = \sqrt{2^x + 1}$ 　　(x)
   (3) $\log_{10}(x+2) - \log_{10}(y+1) = 2$ 　　(y)

8. 次の関数のグラフをかけ．
   (1) $y = \log(x-1)$ 　　(2) $y = \log_2 2x$ 　　(3) $y = -\log_3 x$
   (4) $y = \log x^2$ 　　(5) $y = \log(x+1) + 1$ 　　(6) $y = \log_{\frac{1}{2}} \dfrac{1}{x}$

9. 次の方程式を解け．
   (1) $\log_2(x-1) = 3$ 　　　(2) $\log_{\frac{1}{2}}(2x+1) = -3$
   (3) $2\log_4 x = \log_4(x+3) + 1$ 　　(4) $\log_2(x-2) + \log_2(x+4) = 4$

10. 次の不等式を解け．
    (1) $\log_3(x-1) < 1$ 　　　(2) $\log_{\frac{1}{2}}(2-x) \geqq 1$

(3) $\log_2(3x-1) < 1+\log_2(x+1)$ (4) $\log_{\frac{1}{3}} \dfrac{x}{2} \geqq \log_3(x+1)$

11.
(1) $3x+y=15$ のとき, $\log_{10} x + \log_{10} y$ の最大値と最小値を求めよ.
(2) $x^2 y = 8$, $x \geqq 1$, $y \geqq 1$ のとき, $(\log_2 x)(\log_2 y)$ の最大値と最小値を求めよ.

12. 次の不等式が表す領域を図示せよ.
(1) $\begin{cases} y < \log(x+2) \\ y > 0 \end{cases}$ (2) $\begin{cases} y \geqq \log x \\ x^2 + y^2 \leqq 2 \end{cases}$

13. 次の極限値を求めよ.
(1) $\displaystyle\lim_{x \to +0} \log \dfrac{1}{x}$ (2) $\displaystyle\lim_{x \to \infty} \log \dfrac{1}{x}$
(3) $\displaystyle\lim_{x \to +0} \log_{\frac{1}{2}} x$ (4) $\displaystyle\lim_{x \to \infty} \{\log(2x+1) - \log x\}$
(5) $\displaystyle\lim_{x \to 0} \dfrac{\log(1+x)}{x}$ (6) $\displaystyle\lim_{x \to 0} \dfrac{e^x - 1}{x}$

12 3角関数

Oを中心とする単位円 (半径が1の円) において，中心角 $\angle AOB$ の大きさは弧 AB の長さに比例する．そこで弧 AB の長さを α で表すとき，$\angle AOB$ の大きさは $\angle AOB = \alpha$ ラジアンであるという．

$\angle AOB = 180°$ のとき，半径が1の半円の周は $\pi(= 3.1415\cdots$ 円周率) であるから

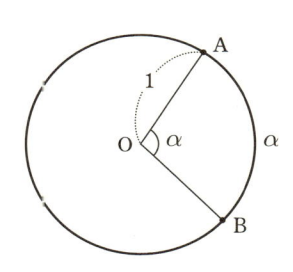

$$180° = \pi \text{ラジアン}$$

$$1° = \frac{\pi}{180} \text{ラジアン}$$

このような角度の表し方を弧度法という．ラジアンという単位は省略する．

度数法	0°	30°	45°	60°	90°	120°	135°	180°	360°
弧度法	0	$\frac{\pi}{6}$	$\frac{\pi}{4}$	$\frac{\pi}{3}$	$\frac{\pi}{2}$	$\frac{2}{3}\pi$	$\frac{3}{4}\pi$	π	2π

半径が r，中心角が θ である扇形の弧長を l，面積を S とすれば，円全体との比例式から

$$\frac{l}{2\pi r} = \frac{\theta}{2\pi}, \quad \frac{S}{\pi r^2} = \frac{\theta}{2\pi}.$$

したがって

$$l = r\theta, \qquad S = \frac{1}{2}r^2\theta = \frac{1}{2}rl$$

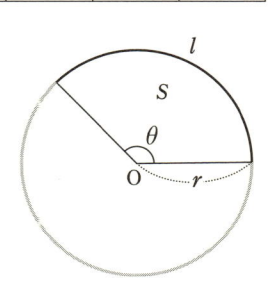

θ が $\theta + 2n\pi$ (n は整数) の形の一般角に対しても，三角比の場合と同様に

$$\cos\theta = \frac{x}{r}, \quad \sin\theta = \frac{y}{r}, \quad \tan\theta = \frac{y}{x}$$

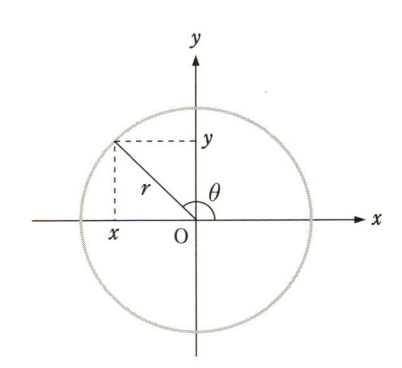

一般角 $\theta + 2n\pi$ ($0 \leqq \theta < 2\pi$, n は整数) はすべての実数値をとるから，すべての実数 x に対して，3種類の3角関数が定義される：

$y = \sin x \quad (-\infty < x < \infty, \ -1 \leqq \sin x \leqq 1)$
$y = \cos x \quad (-\infty < x < \infty, \ -1 \leqq \cos x \leqq 1)$
$y = \tan x \quad \left(-\infty < x < \infty, \ x \neq \frac{\pi}{2} + n\pi, \ -\infty < \tan x < \infty\right)$

3角関数に関する次の公式は重要である．

$\tan\theta = \dfrac{\sin\theta}{\cos\theta}, \quad \sin^2\theta + \cos^2\theta = 1, \quad 1 + \tan^2\theta = \dfrac{1}{\cos^2\theta}$
$\sin(-\theta) = -\sin\theta, \quad \cos(-\theta) = \cos\theta, \quad \tan(-\theta) = \tan\theta$
$\cos\theta = \sin\left(\dfrac{\pi}{2} - \theta\right) = \sin\left(\dfrac{\pi}{2} + \theta\right)$
$\sin(\theta + \pi) = -\sin\theta, \quad \cos(\theta + \pi) = -\cos\theta$
$\sin(\theta + 2n\pi) = \sin\theta, \quad \cos(\theta + 2n\pi) = \cos\theta, \quad \tan(\theta + n\pi) = \tan\theta$
$\hfill (n \text{ は整数})$

次の値は記憶する必要がある．
$\sin\dfrac{\pi}{6} = \dfrac{1}{2}, \quad \cos\dfrac{\pi}{6} = \dfrac{\sqrt{3}}{2}, \quad \tan\dfrac{\pi}{6} = \dfrac{1}{\sqrt{3}}$
$\sin\dfrac{\pi}{3} = \dfrac{\sqrt{3}}{2}, \quad \cos\dfrac{\pi}{3} = \dfrac{1}{2}, \quad \tan\dfrac{\pi}{3} = \sqrt{3}$
$\sin\dfrac{\pi}{4} = \cos\dfrac{\pi}{4} = \dfrac{1}{\sqrt{2}}, \quad \tan\dfrac{\pi}{4} = 1$
$\sin 0 = 0, \quad \cos 0 = 1, \quad \tan 0 = 0,$

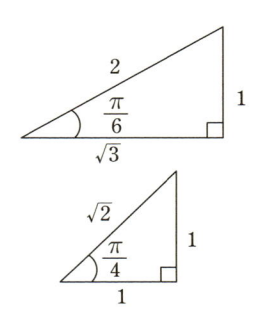

$$\sin\frac{\pi}{2} = 1, \quad \cos\frac{\pi}{2} = 0$$

注意 $\theta = \frac{\pi}{2} + n\pi$ (n は整数) に対しては，$\tan\theta$ の値を定義しないが，$0 < \theta < \frac{\pi}{2}$ の範囲で $\tan\theta$ を考えているときは，$\tan\frac{\pi}{2} = \infty$ とすることがある．

例題 1 $\sin\theta = -\frac{4}{5}$ ($\pi \leqq \theta \leqq \frac{3}{2}\pi$) のとき，$\cos\theta$, $\tan\theta$ の値を求めよ．

解 $\cos^2\theta = 1 - \sin^2\theta$
$$= 1 - \left(-\frac{4}{5}\right)^2 = \frac{9}{25}$$

$\pi \leqq \theta \leqq \frac{3}{2}\pi$ より $\cos\theta < 0$ であるから
$$\cos\theta = -\sqrt{\frac{9}{25}} = -\frac{3}{5},$$
$$\tan\theta = \frac{\sin\theta}{\cos\theta} = \frac{4}{3}$$

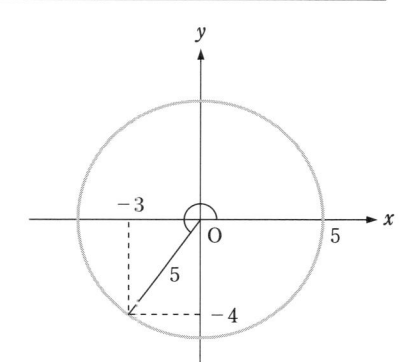

例題 2 α が次の値のとき，$\sin\alpha$, $\cos\alpha$, $\tan\alpha$ の値を求めよ．
(1) $\alpha = \frac{2}{3}\pi$ 　　(2) $\alpha = \pi$ 　　(3) $\alpha = -\frac{5}{4}\pi$

解 (1) 右図から
$$\sin\frac{2}{3}\pi = \frac{\sqrt{3}}{2}, \cos\frac{2}{3}\pi = -\frac{1}{2}, \tan\frac{2}{3}\pi = -\sqrt{3}$$

もしくは，$\sin\frac{2}{3}\pi = \sin\left(\pi - \frac{\pi}{3}\right) = \sin\frac{\pi}{3} = \frac{\sqrt{3}}{2}$ などのように計算をする．

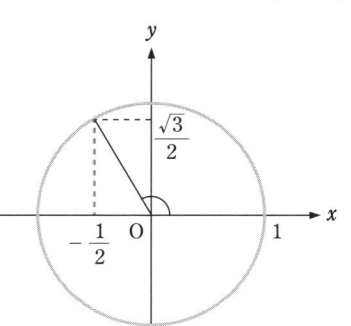

(2) $\sin\pi = 0$, $\cos\pi = -1$, $\tan\pi = 0$

(3) $\sin\left(-\frac{5}{4}\pi\right) = -\sin\frac{5}{4}\pi = -\sin\left(\pi + \frac{\pi}{4}\right)$
$$= -\left(-\sin\frac{\pi}{4}\right) = \frac{1}{\sqrt{2}}$$
$$\cos\left(-\frac{5}{4}\pi\right) = \cos\frac{5}{4}\pi = \cos\left(\pi + \frac{\pi}{4}\right) = -\cos\frac{\pi}{4} = -\frac{1}{\sqrt{2}}$$
$$\tan\left(-\frac{5}{4}\pi\right) = \frac{\sin\left(-\frac{5}{4}\pi\right)}{\cos\left(-\frac{5}{4}\pi\right)} = -1$$

$y = \sin x$ のグラフは次のような曲線 (正弦曲線) である．

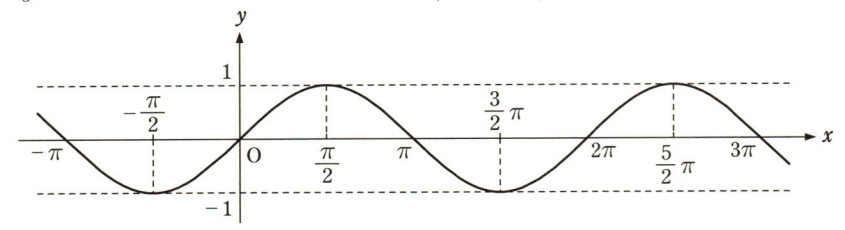

$y = \cos x$ のグラフは，$\cos x = \sin\left(x + \dfrac{\pi}{2}\right)$ から，$y = \sin x$ のグラフを x 軸方向に $-\dfrac{\pi}{2}$ だけ平行移動したものである．

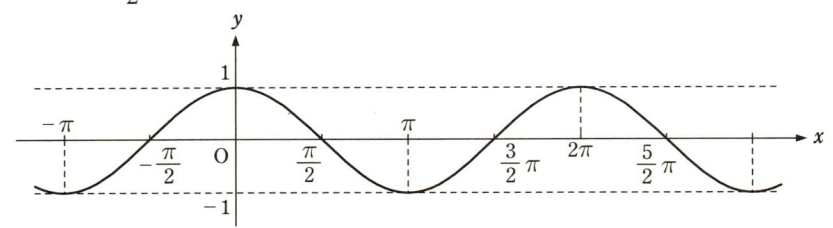

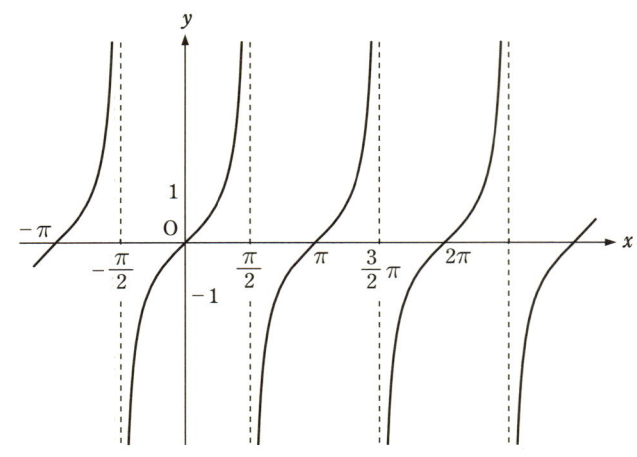

$y = \tan x$ のグラフは

漸近線は $x = \dfrac{\pi}{2} + n\pi$

例題 3 次の関数のグラフをかけ.
(1) $y = 2\sin x$ (2) $y = \cos 2x$ (3) $y = \tan\left(x - \dfrac{\pi}{3}\right)$

解 (1) $y = \sin x$ のグラフを y 軸方向に 2 倍に拡大したものである.

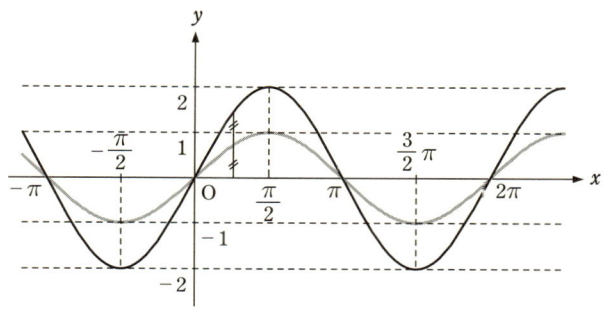

(2) $y = \cos x$ のグラフを x 軸方向に $\dfrac{1}{2}$ 倍に縮小したものである.

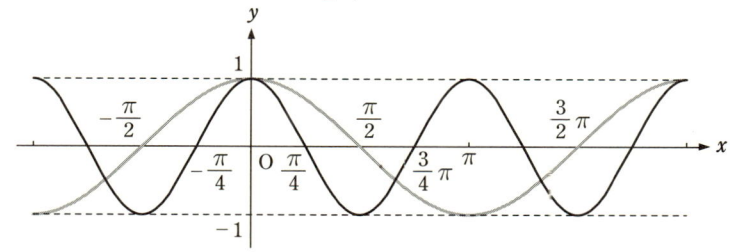

(3) $y = \tan x$ のグラフを x 軸方向に $\dfrac{\pi}{3}$ だけ平行移動したものである.

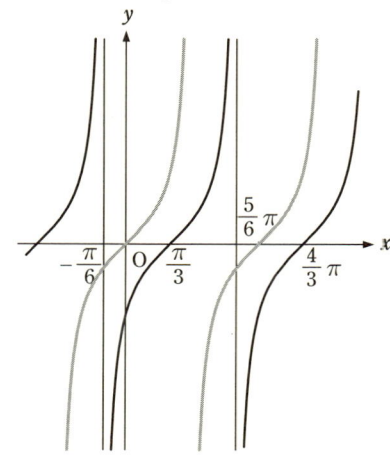

例題 4 $0 \leqq x \leqq \pi$ のとき，$f(x) = \sin^2 x + \cos x$ の最大値と最小値を求めよ．

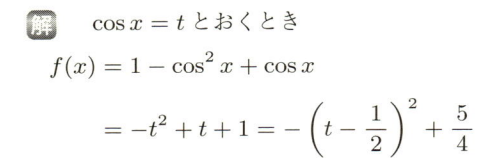

解 $\cos x = t$ とおくとき
$$f(x) = 1 - \cos^2 x + \cos x$$
$$= -t^2 + t + 1 = -\left(t - \frac{1}{2}\right)^2 + \frac{5}{4}$$

の最大値と最小値を $-1 \leqq t \leqq 1$ で求めればよい．
$0 \leqq x \leqq \pi$ において，$t = \cos x = \frac{1}{2}$ となるのは，$x = \frac{\pi}{3}$，$t = \cos x = -1$ となるのは $x = \pi$ のときである．

よって，$x = \frac{\pi}{3}$ のとき，最大値は $\frac{5}{4}$，
$x = \pi$ のとき，最小値は -1

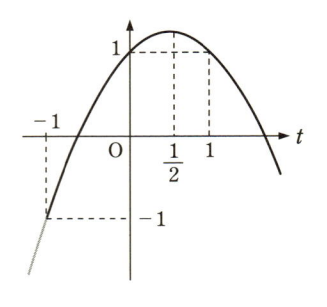

次の 3 角関数の加法定理は，大変役立つ公式である．

加法定理
$$\sin(\alpha + \beta) = \sin\alpha \cos\beta + \cos\alpha \sin\beta$$
$$\cos(\alpha + \beta) = \cos\alpha \cos\beta - \sin\alpha \sin\beta$$
$$\tan(\alpha + \beta) = \frac{\tan\alpha + \tan\beta}{1 - \tan\alpha \tan\beta}$$

加法定理から次の公式が導かれる．

倍角公式と半角公式
$$\sin 2\alpha = 2\sin\alpha \cos\alpha, \quad \cos 2\alpha = \cos^2\alpha - \sin^2\alpha = 2\cos^2\alpha - 1$$
$$\sin^2 \frac{\alpha}{2} = \frac{1 - \cos\alpha}{2}, \quad \cos^2 \frac{\alpha}{2} = \frac{1 + \cos\alpha}{2}$$

例題 5 加法定理を利用して，次の値を求めよ．
(1) $\sin \frac{5}{12}\pi$ (2) $\tan \frac{\pi}{12}$

解 (1) $\sin \frac{5}{12}\pi = \sin 75° = \sin(30° + 45°) = \sin\left(\frac{\pi}{6} + \frac{\pi}{4}\right)$

$$= \sin\frac{\pi}{6}\cos\frac{\pi}{4} + \cos\frac{\pi}{6}\sin\frac{\pi}{4} = \frac{1}{2}\frac{\sqrt{2}}{2} + \frac{\sqrt{3}}{2}\frac{\sqrt{2}}{2} = \frac{\sqrt{2}+\sqrt{6}}{4}$$

(2) $\tan\dfrac{\pi}{12} = \tan 15° = \tan(60° - 45°) = \tan\left(\dfrac{\pi}{3} - \dfrac{\pi}{4}\right)$

$$= \frac{\tan\dfrac{\pi}{3} - \tan\dfrac{\pi}{4}}{1 + \tan\dfrac{\pi}{3}\tan\dfrac{\pi}{4}} = \frac{\sqrt{3}-1}{1+\sqrt{3}} = \frac{(\sqrt{3}-1)^2}{(\sqrt{3}+1)(\sqrt{3}-1)} = 2-\sqrt{3}$$

3角関数の極限についての基本は

$$\lim_{x\to 0}\frac{\sin x}{x} = 1$$

例題 6 上記の極限を用いて，次の極限値を求めよ．
(1) $\displaystyle\lim_{x\to 0}\frac{\sin 3x}{x} = 1$ (2) $\displaystyle\lim_{x\to 0}\frac{\tan x}{x} = 1$

解 (1) $3x = h$ とおけば，$x \to 0$ のとき $h \to 0$ であるから

$$\lim_{x\to 0}\frac{\sin 3x}{x} = \lim_{x\to 0}\frac{3\sin 3x}{3x} = 3\lim_{x\to 0}\frac{\sin 3x}{3x} = 3\lim_{h\to 0}\frac{\sin h}{h} = 3\times 1 = 3$$

(2) $\displaystyle\lim_{x\to 0}\frac{\tan x}{x} = \lim_{x\to 0}\frac{\sin x}{x\cos x} = \lim_{x\to 0}\left(\frac{\sin x}{x} \times \frac{1}{\cos x}\right)$

$$= \lim_{x\to 0}\frac{\sin x}{x} \times \lim_{x\to 0}\frac{1}{\cos x} = 1 \times 1 = 1$$

練習問題 12

1. 次を度数法は弧度法に，弧度法は度数法に書き換えよ．

(1) $10°$ (2) $150°$ (3) $200°$ (4) $-50°$
(5) $\dfrac{\pi}{10}$ (6) $\dfrac{6}{5}\pi$ (7) $\dfrac{7}{12}\pi$ (8) $\dfrac{\pi}{15}$

2. 次の値を求めよ．

(1) $\sin\left(-\dfrac{\pi}{3}\right)$ (2) $\sin\dfrac{3}{4}\pi$ (3) $\cos\dfrac{7}{6}\pi$
(4) $\cos\dfrac{5}{4}\pi$ (5) $\tan\dfrac{2}{3}\pi$ (6) $\tan\left(-\dfrac{3}{4}\pi\right)$
(7) $\sin\dfrac{5}{6}\pi$ (8) $\cos\dfrac{7}{3}\pi$ (9) $\sin\left(-\dfrac{5}{2}\pi\right)$

3. 加法定理または半角公式を用いて，次の値を求めよ．
   (1) $\sin\dfrac{\pi}{12}$
   (2) $\cos\dfrac{7}{12}\pi$
   (3) $\tan\dfrac{5}{12}\pi$
   (4) $\sin\dfrac{\pi}{8}$
   (5) $\cos\dfrac{\pi}{8}$

4. $\sin\theta - \cos\theta = \dfrac{1}{3}$ のとき，次の値を求めよ．
   (1) $\sin\theta\cos\theta$
   (2) $\sin\theta + \cos\theta$
   (3) $\tan\theta + \dfrac{1}{\tan\theta}$

5. $\cos\theta = \dfrac{2}{3}\ \left(0 < \theta < \dfrac{\pi}{2}\right)$ のとき，$\sin 2\theta,\ \cos 2\theta,\ \sin\dfrac{\theta}{2},\ \cos\dfrac{\theta}{2}$ を求めよ．

6. $0 < \alpha,\ \beta < \dfrac{\pi}{2}$ のとき，次の場合に $\alpha + \beta$ の値を求めよ．
   (1) $\tan\alpha = \dfrac{1}{2},\ \tan\beta = \dfrac{1}{3}$
   (2) $\cos\alpha = \dfrac{11}{14},\ \cos\beta = \dfrac{1}{7}$

7. 次の等式を証明せよ．
   (1) $\tan\left(\dfrac{\pi}{2} + \theta\right) = -\dfrac{1}{\tan\theta}$
   (2) $\cos 3\theta = 4\cos^3\theta - 3\cos\theta$
   (3) $\tan\dfrac{\theta}{2} = \dfrac{1-\cos\theta}{\sin\theta} = \dfrac{\sin\theta}{1+\cos\theta}$
   (4) $\dfrac{\sin\theta}{1+\cos\theta} + \dfrac{\sin\theta}{1-\cos\theta} = \dfrac{2}{\sin\theta}$

8. $\tan\dfrac{x}{2} = t$ のとき，$\cos x = \dfrac{1-t^2}{1+t^2},\ \sin x = \dfrac{2t}{1+t^2}$ となることを示せ．

9. 次の等式が成り立つことを証明せよ．
   (1) $\sin\alpha + \sin\beta = 2\sin\dfrac{\alpha+\beta}{2}\cos\dfrac{\alpha-\beta}{2}$
   (2) $\sin\alpha - \sin\beta = 2\sin\dfrac{\alpha-\beta}{2}\cos\dfrac{\alpha+\beta}{2}$
   (3) $\cos\alpha + \sin\beta = 2\cos\dfrac{\alpha+\beta}{2}\cos\dfrac{\alpha-\beta}{2}$
   (4) $\cos\alpha - \cos\beta = -2\sin\dfrac{\alpha+\beta}{2}\sin\dfrac{\alpha-\beta}{2}$

10. 次の関数のグラフをかけ．
   (1) $y = \sin\dfrac{x}{2}$
   (2) $y = -\sin\left(x + \dfrac{\pi}{6}\right)$
   (3) $y = 1 + 2\cos x$
   (4) $y = -\tan\dfrac{x}{2}$

11. 与えられた範囲で，次の方程式を満たす x を求めよ．

(1) $\sin x = \dfrac{\sqrt{3}}{2}$ $(0 < x < 2\pi)$ (2) $\cos x = -\dfrac{1}{\sqrt{2}}$ $(-\pi < x < \pi)$

(3) $\cos\left(x + \dfrac{\pi}{2}\right) = \dfrac{1}{2}$ $(0 < x < 2\pi)$

(4) $\tan 2x = \sqrt{3}$ $\left(0 < x < \dfrac{\pi}{2}\right)$ (5) $\sin x = \cos x$ $(0 \leqq x \leqq \pi)$

(6) $\sin x + \cos 2x = 1$ $(0 \leqq x \leqq \pi)$

12. $0 \leqq x \leqq \pi$ のとき，次の不等式を満たす x の範囲を求めよ．

(1) $\sin x \geqq \dfrac{1}{2}$ (2) $0 < \cos 2x < \dfrac{1}{\sqrt{2}}$ (3) $\sin 2x \geqq \cos x$

13. $0 \leqq x < 2\pi$ のとき，次の関数の最大値と最小値を求めよ．

(1) $y = \sin x + \cos^2 x$ (2) $y = 2\sin x - \cos 2x$

14. 右図の図形の面積について

$$\triangle \mathrm{OAB} < 扇形\,\mathrm{OAB} < \triangle \mathrm{OAC}$$

が成り立つ．このことから

$$\lim_{\theta \to 0} \dfrac{\sin \theta}{\theta} = 1$$

を示せ．

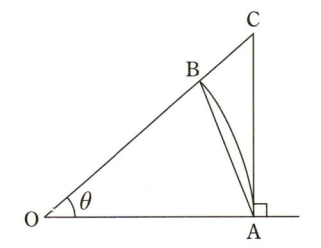

15. 次の極限を求めよ．

(1) $\displaystyle\lim_{x \to 0} \dfrac{\sin 2x}{3x}$ (2) $\displaystyle\lim_{x \to 0} \dfrac{\sin 5x}{\sin 2x}$ (3) $\displaystyle\lim_{x \to 0} \dfrac{\sin 2x + \sin 3x}{\sin x}$

(4) $\displaystyle\lim_{x \to 0} \dfrac{\cos x - 1}{x^2}$ (5) $\displaystyle\lim_{x \to 0} \dfrac{\sin 2x}{\tan x}$ (6) $\displaystyle\lim_{x \to 0} x \sin \dfrac{1}{x}$

13   微 分 I

関数 $y = f(x)$ の導関数は
$$f'(x) = \lim_{h \to 0} \frac{f(x+h) - f(x)}{h}$$
で定義される．また
$$f'(a) = \lim_{h \to 0} \frac{f(a+h) - f(a)}{h} = \lim_{x \to a} \frac{f(x) - f(a)}{x - a}$$
を $x = a$ における微分係数という．

$f(x)$ から $f'(x)$ を計算することを $f(x)$ を微分するという．

$y = f(x)$ の導関数は，$f'(x)$，y'，f'，$\dfrac{dy}{dx}$，$\dfrac{d}{dx}f(x)$ などで表す．

例題 1 微分の定義に従って，次の関数の導関数を求めよ．
(1) $f(x) = x^2$ (2) $f(x) = x^3 + 2x$

解 (1) $f'(x) = \lim\limits_{h \to 0} \dfrac{f(x+h) - f(x)}{h} = \lim\limits_{h \to 0} \dfrac{(x+h)^2 - x^2}{h}$
$= \lim\limits_{h \to 0} \dfrac{x^2 + 2xh + h^2 - x^2}{h} = \lim\limits_{h \to 0}(2x + h) = 2x$

(2) $f'(x) = \lim\limits_{h \to 0} \dfrac{f(x+h) - f(x)}{h} = \lim\limits_{h \to 0} \dfrac{(x+h)^3 + 2(x+h) - (x^3 + 2x)}{h}$
$= \lim\limits_{h \to 0} \dfrac{x^3 + 3x^2h + 3xh^2 + h^3 + 2x + 2h - x^3 - 2x}{h}$
$= \lim\limits_{h \to 0}(3x^2 + 3xh + h^2 + 2) = 3x^2 + 2$

例題1の結果は，$(x^2)' = 2x$，$(x^3+2x)' = 3x^2+2$ のように書く．
例題1と同じようにして

$$(x^n)' = nx^{n-1} \quad (n = 1, 2, 3, \cdots), \qquad (\text{定数})' = 0$$

微分できる関数 f, g について

$$(f+g)' = f' + g', \quad (cf)' = cf' \quad (c \text{ は定数})$$
$$(fg)' = f'g + fg', \quad \left(\frac{g}{f}\right)' = \frac{g'f - gf'}{f^2}, \quad \left(\frac{1}{f}\right)' = -\frac{f'}{f^2}$$

これらを使えば，多項式や分数式を自由自在に微分できる．
また，n が負の整数のとき，$n = -m$ (m は正の整数) とすれば

$$(x^n)' = (x^{-m})' = \left(\frac{1}{x^m}\right)' = -\frac{(x^m)'}{(x^m)^2} = -\frac{mx^{m-1}}{x^{2m}} = (-m)x^{-m-1} = nx^{n-1}$$

であるから

すべての整数 n に対して $\qquad (x^n)' = nx^{n-1}$

例題2 次の関数を微分せよ．
(1) $y = 2x^3 - 4x^2 + 3x + 1$ (2) $y = \dfrac{1}{x} - 2x^{-3}$

(3) $y = (3x+5)(x^2-x+1)$ (4) $y = \dfrac{x^2-2x+3}{x+1}$

解 (1) $y' = 2(x^3)' - 4(x^2)' + 3(x)' + (1)' = 6x^2 - 8x + 3$
(2) $y' = (x^{-1})' - 2(x^{-3})' = -x^{-2} + 6x^{-4}$
(3) $y' = (3x+5)'(x^2-x+1) + (3x+5)(x^2-x+1)'$
$= 3(x^2-x+1) + (3x+5)(2x-1) = 9x^2 + 4x - 2$
(4) $y' = \dfrac{(x^2-2x+3)'(x+1) - (x^2-2x+3)(x+1)'}{(x+1)^2}$
$= \dfrac{(2x-2)(x+1) - (x^2-2x+3)}{(x+1)^2} = \dfrac{x^2+2x-5}{(x+1)^2}$

次に，合成関数 $y = (x^3 + 2x - 1)^2$ を微分するには，$u = x^3 + 2x - 1$ とおいて，$y = u^2$ を x で微分する．

$$\frac{dy}{dx} = \frac{dy}{du}\frac{du}{dx} = 2u(x^3 + 2x - 1)' = 2(x^3 + 2x - 1)(3x^2 + 2)$$

(合成関数の微分)

例題 3 次の関数を微分せよ．
(1) $y = 2(x^2 + 3x + 1)^5$ (2) $y = \left(x + \dfrac{1}{x}\right)^3$

解 (1) $y' = 2 \times 5(x^2 + 3x + 1)^4 (x^2 + 3x + 1)' = 10(x^2 + 3x + 1)^4 (2x + 3)$

(2) $y' = 3\left(x + \dfrac{1}{x}\right)^2 \left(x + \dfrac{1}{x}\right)' = 3\left(x + \dfrac{1}{x}\right)^2 \left(1 - \dfrac{1}{x^2}\right)$

例題 4 次の関数に対して，$\dfrac{dy}{dx}$ すなわち y' を求めよ．(陰関数の微分法)
(1) $x^2 + y^2 = 1$ (2) $y = x^{\frac{n}{m}}$ (m, n は整数, $m > 0$)

解 (1) 両辺を x で微分すると

$$\frac{d}{dx}(x^2 + y^2) = \frac{d}{dx}1, \quad \text{すなわち} \quad \frac{d}{dx}x^2 + \frac{d}{dx}y^2 = 0$$

合成関数の微分を用いると，$2x + \dfrac{d}{dy}y^2 \times \dfrac{dy}{dx} = 0$．

よって，$2x + 2y\dfrac{dy}{dx} = 0$, すなわち $\dfrac{dy}{dx} = y' = -\dfrac{x}{y}$．

注意 $x^2 + y^2 = 1$ の両辺を x で微分するとき，$2x + 2yy' = 0$ から $y' = -\dfrac{x}{y}$ とすればよい．

(2) $y = x^{\frac{n}{m}}$ の両辺を m 乗すれば，$y^m = x^n$．この両辺を x で微分すると

$$my^{m-1}y' = nx^{n-1}$$

よって

$$y' = \frac{nx^{n-1}}{my^{m-1}} = \frac{nx^{n-1}}{m(x^{\frac{n}{m}})^{m-1}} = \frac{n}{m} \times \frac{x^{n-1}}{x^{n-\frac{n}{m}}}$$
$$= \frac{n}{m}x^{n-1-(n-\frac{n}{m})} = \frac{n}{m}x^{\frac{n}{m}-1}.$$

例題 4(2) から

> すべての有理数 a に対して　　$(x^a)' = ax^{a-1}$

実は，任意の実数 a に対しても，これは成り立つ．たとえば，$(x^{\sqrt{2}})' = \sqrt{2}x^{\sqrt{2}-1}$.

> **例題 5**　次の関数を微分せよ．
> (1) $y = \sqrt{x} + \dfrac{1}{\sqrt{x}}$　　　(2) $y = x^{\frac{2}{3}} + \sqrt{2x+1}$

解　(1) $y' = (x^{\frac{1}{2}})' + (x^{-\frac{1}{2}})' = \dfrac{1}{2}x^{-\frac{1}{2}} - \dfrac{1}{2}x^{-\frac{3}{2}} = \dfrac{1}{2\sqrt{x}}\left(1 - \dfrac{1}{x}\right)$

(2) $y' = (x^{\frac{2}{3}})' + \left\{(2x+1)^{\frac{1}{2}}\right\}' = \dfrac{2}{3}x^{-\frac{1}{3}} + \dfrac{1}{2}(2x+1)^{-\frac{1}{2}}(2x+1)'$
$= \dfrac{2}{3}x^{-\frac{1}{3}} + (2x+1)^{-\frac{1}{2}}$

> **例題 6**　次の関数 $y = f(x)$ の導関数 y' の導関数 y'' を求めよ．
> (1) $y = x^4 + 3x^2 + 1$　　　(2) $y = \dfrac{1}{x^2}$

解　(1) $y' = 4x^3 + 6x$ であるから，$y'' = (y')' = 12x^2 + 6$

(2) $y' = (x^{-2})' = -2x^{-3}$ であるから，$y'' = 6x^{-4} = \dfrac{6}{x^4}$

y'' を $y = f(x)$ の 2 次導関数または 2 階の導関数と呼び，y'', $f''(x)$, $\dfrac{d^2y}{dx^2}$ などで表す．

練習問題 13

1. 微分の定義に従い，次の関数の導関数を求めよ．
(1) $y = \dfrac{1}{x}$　　(2) $y = \sqrt{x}$

2. 次の関数を微分せよ．
(1) $x^2 - x + 1$　　　　　　(2) $5x^3 + 4x - 3$

(3) $-\dfrac{3}{4}x^4 + \dfrac{1}{2}x^2 - 6x$ (4) $x - \dfrac{1}{x^2}$

(5) $x(x^2 + x + 2)$ (6) $x^2\left(x + \dfrac{1}{x}\right)$

(7) $3\sqrt{x} + \sqrt{3}x$ (8) $\sqrt[3]{x} + 1$

(9) $x - \sqrt[5]{x^3}$ (10) $\dfrac{2}{\sqrt{x}} - x + x^{\frac{3}{4}}$

3. 次の関数を微分せよ．

(1) $y = x^2(x^3 - 4x + 1)$ (2) $y = (x^3 + 1)(4x - 5)$

(3) $y = (5 - 3x)^3$ (4) $(2x + 5)^{-\frac{2}{3}}$

(5) $y = x(x + 1)^5$ (6) $y = \sqrt{x}(x^2 - x + 3)$

(7) $y = (1 + \sqrt[3]{x})^3$ (8) $y = (\sqrt{x} + 1)(x^2 + 2)$

(9) $y = \dfrac{1}{(x^2 - 3)^2}$ (10) $y = \dfrac{3x + 1}{x^2 + 1}$

(11) $y = \dfrac{x - 1}{\sqrt{x}}$ (12) $y = \dfrac{1}{\sqrt{1 - x^2}}$

(13) $y = x^3(x - 1)^2(2x - 1)$ (14) $y = \sqrt{\dfrac{1 - x}{1 + x}}$

4. 次の関数の 2 次導関数を計算せよ．

(1) $y = x^3 - 3x^2 + x + 2$ (2) $y = \dfrac{1}{2x + 1}$

(3) $y = \sqrt{x - 1}$ (4) $y = \sqrt[3]{x}$

(5) $y = (x^2 + 2)^3$ (6) $y = x(x + 1)(x^2 - 5x + 3)$

5. 次の関数の y' を求めよ．

(1) $x - y^2 + y + 1 = 0$ (2) $xy + x + y + 1 = 0$

(3) $\sqrt{x} + \sqrt{y} = 1$ (4) $x^3 - 3xy + y^3 = 1$

6. x, y が次のような t の関数のとき，$\dfrac{dy}{dx} = y'$ を t の式で表せ．

(1) $x = 2t + 1,\ y = 2t^3$ (2) $x = \dfrac{1}{t^2},\ y = 2t^2 - t + 1$

14 　　　　　　　　　　微　分　II

ここでは指数関数・対数関数・3角関数の微分法を取り扱う.

$y = \log x$ の導関数は

$$(\log x)' = \lim_{h \to 0} \frac{\log(x+h) - \log x}{h} = \lim_{h \to 0} \frac{1}{h} \log \frac{x+h}{x} = \lim_{h \to 0} \frac{1}{h} \log\left(1 + \frac{h}{x}\right)$$

$\dfrac{h}{x} = t$ とおくと, $h \to 0$ のとき $t \to 0$,

$$\lim_{t \to 0} \log(1+t)^{\frac{1}{t}} = \lim_{u \to \infty} \log\left(1 + \frac{1}{u}\right)^u = \log e = 1, \ u = \frac{1}{t}$$

であるから

$$= \lim_{t \to 0} \frac{1}{xt} \log(1+t) = \frac{1}{x} \lim_{t \to 0} \log(1+t)^{\frac{1}{t}} = \frac{1}{x}$$

$y = e^x$ の導関数は, $y = e^x$ を書き換えた $\log y = x$ の両辺を x で微分すれば, 上の対数関数の導関数を用いて

$$\frac{d}{dx} \log y = \frac{d}{dy}(\log y) \frac{dy}{dx} = \frac{y'}{y} = 1. \ \text{よって}, \ y' = y = e^x$$

$$(e^x)' = e^x, \quad (\log x)' = \frac{1}{x}$$

注意　$\log x$ の定義域は $x > 0$ であるが,

$$\log |x| = \begin{cases} \log x & x > 0 \\ \log(-x) & x < 0 \end{cases}$$

の場合は $x \neq 0$ で定義される. このときも, $(\log |x|)' = \dfrac{1}{x}$ が成り立つことがわかる.

第 14 章　微分 II

例題 1　次の関数を微分せよ．
(1)　$y = \log(5x+2)$
(2)　$y = x \log x$
(3)　$y = e^{2x+1}$
(4)　$y = x^2 e^x$

解　(1) $y' = \dfrac{1}{5x+2}(5x+2)' = \dfrac{5}{5x+2}$

(2) $y' = (x)' \log x + x(\log x)' = \log x + x \cdot \dfrac{1}{x} = \log x + 1$

(3) $y' = e^{2x+1}(2x+1)' = 2e^{2x+1}$

(4) $y' = (x^2)' e^x + x^2(e^x)' = 2xe^x + x^2 e^x = x(x+2)e^x$

3 角関数の導関数は

$$(\sin x)' = \lim_{h \to 0} \frac{\sin(x+h) - \sin x}{h} = \lim_{h \to 0} \frac{2\cos\left(x + \dfrac{h}{2}\right) \sin \dfrac{h}{2}}{h}$$

$\dfrac{h}{2} = \theta$ とおくと，$h \to 0$ のとき $\theta \to 0$ であるから

$$= \lim_{\theta \to 0} \frac{2\cos(x+\theta) \sin \theta}{2\theta} = \left(\lim_{\theta \to 0} \cos(x+\theta)\right)\left(\lim_{\theta \to 0} \frac{\sin \theta}{\theta}\right) = \cos x$$

$$(\cos x)' = \left(\sin\left(\frac{\pi}{2} - x\right)\right)' = \left(\frac{\pi}{2} - x\right)' \cos\left(\frac{\pi}{2} - x\right) = -\sin x$$

$$(\tan x)' = \left(\frac{\sin x}{\cos x}\right)' = \frac{(\sin x)' \cos x - \sin x (\cos x)'}{\cos^2 x} = \frac{\cos^2 x + \sin^2 x}{\cos^2 x}$$

$$= \frac{1}{\cos^2 x}$$

$$(\sin x)' = \cos x, \quad (\cos x)' = -\sin x, \quad (\tan x)' = \frac{1}{\cos^2 x}$$

例題 2　次の関数を微分せよ．
(1)　$y = \cos 2x$
(2)　$y = \sin^3 x$
(3)　$y = \tan\left(\dfrac{\pi}{4} - x\right)$
(4)　$\dfrac{1}{\cos x}$

解　(1) $y' = -\sin 2x \times (2x)' = -2 \sin 2x$

(2) $y' = 3 \sin^2 x \, (\sin x)' = 3 \sin^2 x \cos x$

(3) $y' = \dfrac{\left(\dfrac{\pi}{4}-x\right)'}{\cos^2\left(\dfrac{\pi}{4}-x\right)} = -\dfrac{1}{\cos^2\left(\dfrac{\pi}{4}-x\right)}$

(4) $y' = -\dfrac{(\cos x)'}{\cos^2 x} = \dfrac{\sin x}{\cos^2 x}$

例題 3 次の関数の 2 次導関数を求めよ．
(1) $y = e^{-x} + \log 2x$ (2) $y = \sin x - \cos x$

解 (1) $y' = e^{-x}(-x)' + \dfrac{(2x)'}{2x} = -e^{-x} + \dfrac{1}{x}$, $y'' = -e^{-x}(-x)' - \dfrac{1}{x^2} = e^{-x} - \dfrac{1}{x^2}$

(2) $y' = \cos x + \sin x$, $y'' = -\sin x + \cos x$

例題 4 両辺の対数をとることによって，次の関数を微分せよ．
(1) $y = \sqrt{\dfrac{x}{(x+1)^3}}$ (2) $y = 2^x$ (3) $y = x^{\sqrt{2}}$

解 (1) $\log y = \log \sqrt{\dfrac{x}{(x+1)^3}} = \dfrac{1}{2}\left(\log x - 3\log(x+1)\right)$

この両辺 (最左辺と最右辺) を x で微分すると

$$\dfrac{1}{y}y' = \dfrac{1}{2}\left(\dfrac{1}{x} - \dfrac{3}{x+1}\right) = \dfrac{-2x+1}{2x(x+1)}$$

よって，$y' = \dfrac{-2x+1}{2x(x+1)}\sqrt{\dfrac{x}{(x+1)^3}} = \dfrac{-2x+1}{2\sqrt{x(x+1)^5}}$

(2) $\log y = \log 2^x = x\log 2$ の両辺を x で微分すると

$$\dfrac{1}{y}y' = \log 2 \quad \text{よって，} y' = y\log 2 = 2^x \log 2$$

(3) $\log y = \log x^{\sqrt{2}} = \sqrt{2}\log x$ の両辺を x で微分すると

$$\dfrac{1}{y}y' = \dfrac{\sqrt{2}}{x} \quad \text{よって，} y' = \sqrt{2}\dfrac{y}{x} = \sqrt{2}x^{\sqrt{2}-1}$$

このように両辺の対数をとって，両辺を x で微分して y' を計算する方法を**対数微分法**という．

(3) のようにすれば，前節でも述べたように

$$\text{任意の実数 } a \text{ に対して，} (x^a)' = ax^{a-1} \quad (x > 0)$$

練習問題 14

1. 次の関数を微分せよ．

(1) $e^x - x^2 + 1$ (2) $5\log x + 4x - 3$ (3) e^{-x^2+1}

(4) $\sin\left(3x - \dfrac{\pi}{3}\right)$ (5) $\sin\dfrac{x}{2} + \cos\dfrac{x}{2}$ (6) $\log(2x) + e^{2x}$

(7) $\log(1 + e^x)$ (8) $2^x + x^2$ (9) $\log_{10}(2x+1)$

(10) $(\log x)^3$ (11) $\dfrac{1}{1+\cos x}$ (12) $\dfrac{1}{\tan x}$

(13) $e^{3x+2}x$ (14) $x^2 \log(x^2+4)$ (15) $x\sin^2(3x-2)$

(16) $e^x \tan x$ (17) $\sqrt{\cos 2x}$ (18) $\log(x^2 + \sqrt{x^2+1})$

(19) $\sin\dfrac{1}{x} + \cos\dfrac{1}{x}$ (20) $\dfrac{\cos x + \sin x}{\cos x - \sin x}$

2. 対数微分法を用いて次の関数を微分せよ．

(1) $y = \dfrac{x^3(x+1)}{(x-2)^2}$ (2) $y = \sqrt[3]{\dfrac{x^5}{(x+1)^2}}$

(3) $y = x^x$ (4) $y = (\sin x)^x$

3. 次の関数の第 2 次導関数を求めよ．

(1) $y = \log x$ (2) $y = \cos 3x$ (3) $y = xe^x$

(4) $y = \tan x$ (5) $y = \sin(1+e^x)$ (6) $y = e^{-x}\sin x$

4. 次が成り立つことを示せ．

(1) $(\log|x|)' = \dfrac{1}{x}$ (2) $(\log|f(x)|)' = \dfrac{f'(x)}{f(x)}$

5. 左側の関数が右側の等式を満たすことを証明せよ．

(1) $y = 3e^x + 2e^{-x}$ $\quad y'' - y = 0$

(2) $y = 2\sin x - \cos x + 3x^2$ $\quad y'' + y = 3x^2 + 6$

(3) $y = e^{-x}(\cos x + \sin x)$ $\quad y'' + 2y' + 2y = 0$

6. 次の方程式から，$\dfrac{dy}{dx}$ を x の式で表せ．

(1) $\log x = e^y$ (2) $x = \tan y$

7. 次の場合に，$\dfrac{dy}{dx}$ を t の式で表せ．

   (1) $x = t - \sin t$, $y = 1 - \cos t$ (2) $x = -3\cos t$, $y = 2\sin t$

   (3) $x = \sin t$, $y = \cos 2t$ (4) $x = \cos^3 t$, $y = \sin^3 t$

8. $h \fallingdotseq 0$ のとき，1次近似式 $f(h) \fallingdotseq f(0) + hf'(0)$ が成り立つことを示せ．この式を利用して，次の数の近似値を小数第3位まで求めよ．

   (1) $\sqrt[3]{997}$ (2) $\log 1.01$ (3) $\sin 31°$

15   積 分

微分すると $f(x)$ になる関数，すなわち $F'(x) = f(x)$ が成り立つ関数 $F(x)$ を $f(x)$ の原始関数または不定積分といい，$\int f(x)\,dx$ で表す．

$$F'(x) = f(x) \iff \int f(x)\,dx = F(x)$$

$F(x)$ が $f(x)$ の不定積分ならば，実数 C に対して $F(x) + C$ も不定積分になる：

$$\int f(x)\,dx = F(x) + C$$

この実数 C は積分定数と呼ばれる．以下では，積分定数を省略する．

$f(x)$ の不定積分を求めることを，$f(x)$ を積分するという．

$\left(\dfrac{1}{n+1}x^{n+1}\right)' = x^n$ であるから，-1 以外の任意の数 n に対して

$$\int x^n\,dx = \frac{1}{n+1}x^{n+1} \quad (n \neq -1)$$

次の基本的な公式が成り立つ：

$$\int (f(x) + g(x))\,dx = \int f(x)\,dx + \int g(x)\,dx$$

$$\int cf(x)\,dx = c\int f(x)\,dx$$

これらを用いれば，次の例題のような関数の不定積分は簡単に求められる．

例題1 次の関数の不定積分を求めよ．
 (1) $x+2$ (2) $4x^3-2x^2+1$ (3) $\sqrt{x}-3$ (4) $\dfrac{1}{x^2}+\sqrt[3]{x}$

解 (1) $\displaystyle\int(x+2)\,dx=\int x\,dx+2\int 1\,dx=\dfrac{1}{2}x^2+2x$

(2) $\displaystyle\int(4x^3-2x^2+1)\,dx=x^4-\dfrac{2}{3}x^3+x$

(3) $\displaystyle\int(\sqrt{x}-3)\,dx=\int(x^{\frac{1}{2}}-3)\,dx=\dfrac{2}{3}x^{\frac{3}{2}}-3x=\dfrac{2}{3}x\sqrt{x}-3x$

(4) $\displaystyle\int\left(\dfrac{1}{x^2}+\sqrt[3]{x}\right)dx=\int(x^{-2}+x^{\frac{1}{3}})\,dx=-x^{-1}+\dfrac{3}{4}x^{\frac{4}{3}}=-\dfrac{1}{x}+\dfrac{3}{4}x^{\frac{4}{3}}$

積分は微分の逆演算にあたるから

$$\int\dfrac{dx}{x}=\log|x|,\qquad \int e^x\,dx=e^x$$
$$\int\sin x\,dx=-\cos x,\qquad \int\cos x\,dx=\sin x$$

注意 $\log|x|$ における絶対値は，この式は $x<0$ でも正しいことを表している．実際，$(\log|x|)'=\dfrac{1}{x}$ が成り立つ (71ページ参照)．絶対値を省略して，単に $\log x$ と書くこともある．また，$\displaystyle\int\dfrac{1}{x}\,dx$ を $\displaystyle\int\dfrac{dx}{x}$ とも書く．

例題2 次の関数の不定積分を求めよ．
 (1) $\cos x-\sin x$ (2) $2e^x+\dfrac{3}{x}$

解 (1) $\displaystyle\int(\cos x-\sin x)\,dx=\int\cos x\,dx-\int\sin x\,dx=\sin x-(-\cos x)=\sin x+\cos x$

(2) $\displaystyle\int\left(2e^x+\dfrac{3}{x}\right)dx=2\int e^x\,dx+3\int\dfrac{dx}{x}=2e^x+3\log|x|$

関数の積の微分公式から導かれる次の公式は有用である．

部分積分法

$$\int f'(x)g(x)\,dx = f(x)g(x) - \int f(x)g'(x)\,dx$$

例題 3 次の不定積分を求めよ．
(1) $\displaystyle\int \log x\,dx$ (2) $\displaystyle\int x\sin x\,dx$

解 (1) $\displaystyle\int \log x\,dx = \int (x)'\log x\,dx = x\log x - \int \left(x \times \frac{1}{x}\right)dx = x\log x - x$

(2) $\displaystyle\int x\sin x\,dx = \int x(-\cos x)'dx = -x\cos x - \int(-\cos x)\,dx = -x\cos x + \sin x$

$\displaystyle\int xe^{x^2}\,dx$ を求めるとき，$x^2 = t$ とおけば $\dfrac{dt}{dx} = 2x$，すなわち $dt = 2x\,dx$ であるから

$$\int xe^{x^2}\,dx = \frac{1}{2}\int e^{x^2}2x\,dx = \frac{1}{2}\int e^t\,dt = \frac{1}{2}e^t = \frac{1}{2}e^{x^2}$$

このように，積分する関数の一部を他の文字で置き換えて不定積分を求める方法を置換積分法と呼ぶ．

例題 4 次の不定積分を求めよ．
(1) $\displaystyle\int (2x+1)^3\,dx$ (2) $\displaystyle\int x\sqrt{1-x^2}\,dx$

解 (1) $2x+1 = t$ とおくと，$2\,dx = dt$ であるから

$$\int (2x+1)^3\,dx = \int t^3 \times \frac{1}{2}\,dt = \frac{1}{2}\int t^3\,dt = \frac{1}{2} \times \frac{1}{4}t^4 = \frac{1}{8}(2x+1)^4$$

(2) $1 - x^2 = t$ とおくと，$-2x\,dx = dt$ であるから

$$\int x\sqrt{1-x^2}\,dx = -\frac{1}{2}\int \sqrt{1-x^2}\,(-2x)\,dx = -\frac{1}{2}\int \sqrt{t}\,dt = -\frac{1}{2} \times \frac{2}{3}t^{\frac{3}{2}}$$

$$= -\frac{1}{3}(1-x^2)^{\frac{3}{2}}$$

$f(x) = t$ とおけば，$f'(x)\,dx = dt$，$\displaystyle\int \frac{f'(x)}{f(x)}\,dx = \int \frac{dt}{t} = \log|t|$ である

から
$$\int \frac{f'(x)}{f(x)}\,dx = \log|f(x)|$$

例題 5 上の公式を用いて，次の不定積分を求めよ．
(1) $\int \dfrac{x}{x^2+1}\,dx$ (2) $\int \tan x\,dx$

解 (1) $\int \dfrac{x}{x^2+1}\,dx = \dfrac{1}{2}\int \dfrac{(x^2+1)'}{x^2+1}\,dx = \dfrac{1}{2}\log(x^2+1)$
(2) $\int \tan x\,dx = \int \dfrac{\sin x}{\cos x}\,dx = -\int \dfrac{(\cos x)'}{\cos x}\,dx = -\log|\cos x|$ ∎

例題 6 次の不定積分を求めよ．
(1) $\int \dfrac{x^2+1}{x}\,dx$ (2) $\int \dfrac{2x^2+x+2}{x+1}\,dx$

解 このタイプの積分計算は分子の多項式を分母で割り算をする (16 ページ例題 4 を参照)．
(1) $\dfrac{x^2+1}{x} = x + \dfrac{1}{x}$ であるから
$$\int \dfrac{x^2+1}{x}\,dx = \int \left(x + \dfrac{1}{x}\right) dx = \dfrac{x^2}{2} + \log|x|$$
(2) $\dfrac{2x^2+x+2}{x+1} = 2x - 1 + \dfrac{3}{x+1}$ であるから
$$\int \dfrac{2x^2+x+2}{x+1}\,dx = \int \left(2x-1+\dfrac{3}{x+1}\right)dx = x^2 - x + 3\log|x+1|$$ ∎

例題 7 部分分数展開を利用して，次の不定積分を求めよ．
(1) $\int \dfrac{dx}{x(x+1)}$ (2) $\int \dfrac{dx}{x^2+x-2}$

解 16 ページ例題 5 のように，積分する関数を部分分数に展開する．
(1) $\dfrac{1}{x(x+1)} = \dfrac{1}{x} - \dfrac{1}{x+1}$ であるから
$$\int \dfrac{dx}{x(x+1)} = \int \left(\dfrac{1}{x} - \dfrac{1}{x+1}\right)dx = \log|x| - \log|x+1| = \log\left|\dfrac{x}{x+1}\right|$$

(2) $\dfrac{1}{x^2+x-2} = \dfrac{1}{(x-1)(x+2)} = \dfrac{1}{3}\left(\dfrac{1}{x-1} - \dfrac{1}{x+2}\right)$ であるから

$\displaystyle\int \dfrac{dx}{x^2+x-2} = \dfrac{1}{3}\int\left(\dfrac{1}{x-1} - \dfrac{1}{x+2}\right)dx = \dfrac{1}{3}(\log|x-1| - \log|x+2|)$

$\qquad\qquad\quad = \dfrac{1}{3}\log\left|\dfrac{x-1}{x+2}\right|$

$f(x)$ の原始関数の 1 つを $F(x)$ とするとき，$F(b) - F(a)$ を $y = f(x)$ の a から b までの定積分といい，$\displaystyle\int_a^b f(x)\,dx$ で表す．

定積分

$$\int_a^b f(x)\,dx = \Big[F(x)\Big]_a^b = F(b) - F(a) \quad (F'(x) = f(x))$$

定積分 $\displaystyle\int_a^b f(x)\,dx$ の値は下図のアミの部分の面積を表す．

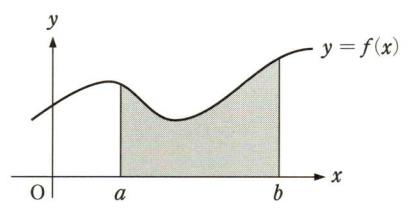

例題 8 次の定積分の値を求めよ．

(1) $\displaystyle\int_1^3 (2x+1)\,dx$ 　　(2) $\displaystyle\int_{-1}^2 (x^3 - x^2 - 2x + 3)\,dx$

解 (1) $\displaystyle\int_1^3 (2x+1)\,dx = \int_1^3 2x\,dx + \int_1^3 dx = \Big[x^2\Big]_1^3 + \Big[x\Big]_1^3 = 3^2 - 1^2 + 3 - 1 = 10$

(2) $\displaystyle\int_{-1}^2 (x^3 - x^2 - 2x + 3)\,dx = \left[\dfrac{x^4}{4} - \dfrac{x^3}{3} - x^2 + 3x\right]_{-1}^2$

$\qquad\qquad\qquad\qquad\qquad = \left(4 - \dfrac{8}{3} - 4 + 6\right) - \left(\dfrac{1}{4} + \dfrac{1}{3} - 1 - 3\right) = \dfrac{27}{4}$

例題 9 次の定積分の値を求めよ．

(1) $\displaystyle\int_1^2 \frac{dx}{x+1}$ 　　(2) $\displaystyle\int_0^{\frac{\pi}{2}} x\cos x\, dx$ 　　(3) $\displaystyle\int_1^{\sqrt{2}} x\sqrt{x^2+2}\, dx$

解　(1) $\displaystyle\int_1^2 \frac{dx}{x+1} = \Big[\log|x+1|\Big]_1^2 = \log 3 - \log 2 = \log \frac{3}{2}$

(2) 部分積分法を用いる．

$$\int_0^{\frac{\pi}{2}} x(\sin x)'\, dx = \Big[x\sin x\Big]_0^{\frac{\pi}{2}} - \int_0^{\frac{\pi}{2}} \sin x\, dx = \frac{\pi}{2}\sin\frac{\pi}{2} - 0 - \Big[-\cos x\Big]_0^{\frac{\pi}{2}}$$

$$= \frac{\pi}{2} - \Big(-\cos\frac{\pi}{2} + \cos 0\Big) = \frac{\pi}{2} - 1$$

(3) $x^2 + 2 = t$ とおくと，$2x\, dx = dt$．$x = \sqrt{2}$ のとき $t = 4$，$x = 1$ のとき $t = 3$ であるから，$\displaystyle\int_1^{\sqrt{2}} x\sqrt{x^2+2}\, dx = \frac{1}{2}\int_3^4 \sqrt{t}\, dt = \frac{1}{2}\Big[\frac{2}{3}t^{\frac{3}{2}}\Big]_3^4 = \frac{8-3\sqrt{3}}{3}$ ∎

例題 10　次の定積分 (広義積分と呼ばれる) の値を求めよ．

(1) $\displaystyle\int_2^{\infty} \frac{1}{x^2}\, dx$ 　　(2) $\displaystyle\int_1^{\infty} xe^{-x}\, dx$

解　(1) $\displaystyle\lim_{x\to\infty}\frac{1}{x} = 0$ より，$\displaystyle\int_2^{\infty}\frac{1}{x^2}\, dx = \int_2^{\infty} x^{-2}\, dx = \Big[-\frac{1}{x}\Big]_2^{\infty} = 0 - \Big(-\frac{1}{2}\Big) = \frac{1}{2}$

(2) $\displaystyle\lim_{x\to\infty}\frac{x}{e^x} = \lim_{x\to\infty}\frac{1}{e^x} = 0$ に注意して，部分積分法を用いる．

$$\int_1^{\infty} xe^{-x}\, dx = \int_1^{\infty} x(-e^{-x})'\, dx = \Big[-xe^{-x}\Big]_1^{\infty} + \int_1^{\infty} e^{-x}\, dx$$

$$= e^{-1} + \Big[-e^{-x}\Big]_1^{\infty} = e^{-1} + e^{-1} = \frac{2}{e}$$ ∎

練習問題 15

1. 次の関数の不定積分を求めよ．

(1) $-3x^2$ 　　(2) $\dfrac{1}{x^3}$ 　　(3) $3x^2 - 5x + 2$

(4) $x(x-2)$ 　　(5) $(2x+1)(x-2)$ 　　(6) $(2x+1)^2$

(7) $(x+1)^4$ 　　(8) $x(\sqrt{x}+1)$ 　　(9) $\sqrt{x}(x^2+1)$

第 15 章 積分

2. 次の関数の不定積分を求めよ．
  (1) e^{x+2}
  (2) e^{-x}
  (3) $x^2 + \cos x$
  (4) $1 + \sin 2x$
  (5) $2\tan x - 3\sin x$

3. 部分積分法を利用して，次の関数の不定積分を求めよ．
  (1) xe^x
  (2) $x\log x$
  (3) $\log(2x+1)$
  (4) $x^2 e^{-x}$
  (5) $x^2 \cos x$
  (6) $e^x \sin x$

4. 置換積分法を利用して，次の関数の不定積分を求めよ．
  (1) $\dfrac{1}{(3x+2)^2}$
  (2) $\sqrt{1-4x}$
  (3) $\sin\dfrac{3x-1}{2}$
  (4) $\dfrac{x}{\sqrt{2x+1}}$
  (5) $\dfrac{x}{\sqrt[3]{1-x^2}}$
  (6) $\dfrac{x}{(3x+1)^3}$
  (7) $\dfrac{1}{x\log x}$
  (8) $\dfrac{\sin x}{1-\cos x}$
  (9) xe^{-x^2}

5. 次の不定積分を求めよ．
  (1) $\displaystyle\int \dfrac{dx}{x+2}$
  (2) $\displaystyle\int \dfrac{x}{x+2}\,dx$
  (3) $\displaystyle\int \dfrac{x^3+x+1}{x^2}\,dx$
  (4) $\displaystyle\int \dfrac{x^3}{x^2+1}\,dx$
  (5) $\displaystyle\int \dfrac{x+1}{\sqrt{x}}\,dx$
  (6) $\displaystyle\int \dfrac{x+1}{x^2+2x-1}\,dx$
  (7) $\displaystyle\int \dfrac{x^2}{x^3+1}\,dx$
  (8) $\displaystyle\int \dfrac{dx}{x^2+2x}$
  (9) $\displaystyle\int \dfrac{dx}{x(x^2+1)}$
  (10) $\displaystyle\int \dfrac{x}{(x+3)^2}\,dx$

6. 次の不定積分を求めよ．
  (1) $\displaystyle\int \cos^2 x\,dx$
  (2) $\displaystyle\int \tan^2 x\,dx$
  (3) $\displaystyle\int \sin^3 x\,dx$
  (4) $\displaystyle\int \dfrac{1}{\sin x}\,dx$
  (5) $\displaystyle\int 3^{x+1}\,dx$
  (6) $\displaystyle\int \dfrac{1}{e^x+1}\,dx$

7. 次の定積分の値を求めよ．
  (1) $\displaystyle\int_0^3 (2x^2+x-4)\,dx$
  (2) $\displaystyle\int_2^4 x(3x+1)\,dx$
  (3) $\displaystyle\int_{-1}^1 (x+1)(x^2-3)\,dx$
  (4) $\displaystyle\int_0^3 \dfrac{dx}{(x+1)^3}$
  (5) $\displaystyle\int_1^8 \dfrac{dx}{\sqrt[3]{x}}$
  (6) $\displaystyle\int_{-1}^2 \sqrt{2x+5}\,dx$

(7) $\displaystyle\int_1^5 \dfrac{dx}{2x-1}$ (8) $\displaystyle\int_0^1 \dfrac{x^3+2x-1}{x+1}\,dx$

(9) $\displaystyle\int_0^1 x\sqrt{x+1}\,dx$ (10) $\displaystyle\int_{-1}^2 (e^x+e^{-x})^2\,dx$

(11) $\displaystyle\int_0^{\frac{\pi}{4}} (\sin x+\cos x)^2\,dx$ (12) $\displaystyle\int_0^{\frac{\pi}{2}} x^2\sin x\,dx$

8. 次の広義積分を計算せよ．

(1) $\displaystyle\int_2^\infty \dfrac{1}{(1+x)^2}\,dx$ (2) $\displaystyle\int_1^\infty \dfrac{1+x}{x^4}\,dx$ (3) $\displaystyle\int_1^\infty \dfrac{dx}{x^2+x}$

(4) $\displaystyle\int_{-\infty}^1 e^{2x}\,dx$ (5) $\displaystyle\int_0^\infty xe^{-x^2}\,dx$ (6) $\displaystyle\int_0^\infty xe^{-x}\,dx$

9. 次の定積分はどのような領域の面積であるかを図示し，その面積を求めよ．

(1) $\displaystyle\int_0^2 x^2\,dx$ (2) $\displaystyle\int_1^5 \dfrac{dx}{x}$ (3) $\displaystyle\int_{\frac{\pi}{6}}^{\frac{\pi}{3}} \tan x\,dx$

(4) $\displaystyle\int_1^2 \log x\,dx$ (5) $\displaystyle\int_0^\infty e^{-x}\,dx$ (6) $\displaystyle\int_{-2}^2 \sqrt{4-x^2}\,dx$

10. 次の条件にあてはまる関数 $f(x)$ を求めよ．

(1) $f'(x)=\sin^2 2x,\ \ f(\pi)=\dfrac{\pi}{2}$

(2) $f'(x)=x\sqrt{x^2+1},\ \ f(0)=0$

(3) $f''(x)=-6x+6,\ \ f'(0)=2,\ \ f(0)=-1$

(4) $f'(x)=e^{-x}\cos x,\ \ f(0)=\dfrac{1}{2}$

16 複素数

$i^2 = -1$ を満たす数 i (これを虚数単位と呼ぶ) と実数 x, y を用いて, $z = x + yi$ で表される数 z を複素数という. とくに, $y = 0$ のとき, z は実数 x を表す. 複素数は実数を含めた呼び名である.

複素数どうしの計算は i を文字のように扱い, $i^2 = -1$ を用いる. 複素数には大小関係はない.

複素数 $z = x + yi$ に対して, $\bar{z} = x - yi$ を z の共役複素数という.

$z = x + yi = 0 \iff x = y = 0$
$a > 0$ のとき $\sqrt{-a} = \sqrt{a}\,i$, とくに $\sqrt{-1} = i$

2つの複素数 $z_1 = x_1 + y_1 i$, $z_2 = x_2 + y_2 i$ の四則と共役複素数について

$z_1 \pm z_2 = (x_1 + y_1 i) \pm (x_2 + y_2 i) = (x_1 \pm x_2) + (y_1 \pm y_2)i$
$z_1 z_2 = (x_1 + y_1 i)(x_2 + y_2 i) = (x_1 x_2 - y_1 y_2) + (x_1 y_2 + x_2 y_1)i$
$\dfrac{z_1}{z_2} = \dfrac{x_1 + y_1 i}{x_2 + y_2 i} = \dfrac{x_1 x_2 + y_1 y_2}{x_2{}^2 + y_2{}^2} + \dfrac{x_2 y_1 - x_1 y_2}{x_2{}^2 + y_2{}^2} i \quad (z_2 \neq 0)$
$\overline{(\bar{z})} = z, \quad \overline{z_1 + z_2} = \overline{z_1} + \overline{z_2}, \quad \overline{z_1 z_2} = \overline{z_1}\,\overline{z_2}$

例題 1 次の計算をせよ.
(1) $(-5i) \times (2i)^2$ (2) $i^3(2+i)$ (3) $\sqrt{-8}\sqrt{-2}$

解 (1) $(-5i) \times (2i)^2 = (-5i) \times (4i^2) = -5i \times (-4) = 20i$
(2) $i^3 = i^2 i = -i$ であるから, $i^3(2+i) = -i(2+i) = -2i - i^2 = 1 - 2i$
(3) $\sqrt{-8}\sqrt{-2} = \sqrt{8}\,i \times \sqrt{2}\,i = \sqrt{8} \times \sqrt{2} \times i^2 = 4i^2 = -4$

例題 2 $z_1 = 3 + 2i$, $z_2 = 2 - i$ のとき，$\overline{z_1}$, $2z_1 + 5z_2$, $z_1 z_2$, $\dfrac{z_1}{z_2}$ を $x + yi$ の形で表せ．

解 $\overline{z_1} = \overline{3 + 2i} = 3 - 2i$,
$2z_1 + 5z_2 = 2(3 + 2i) + 5(2 - i) = 6 + 4i + 10 - 5i = 16 - i$,
$z_1 z_2 = (3 + 2i)(2 - i) = 6 - 3i + 4i - 2i^2 = 8 + i$,
$\dfrac{z_1}{z_2} = \dfrac{3 + 2i}{2 - i} = \dfrac{(3 + 2i)(2 + i)}{(2 - i)(2 + i)} = \dfrac{6 + 3i + 4i + 2i^2}{4 - i^2} = \dfrac{4}{5} + \dfrac{7}{5}i$

例題 3 $(a - 2) + (a + b)i = 3$ を満たす実数 a, b を求めよ．

解 $a - 2 = 3$, $a + b = 0$ であるから，$a = 5$, $b = -5$

複素数 $z = x + yi$ に平面上の点 (x, y) を対応させると，平面上の点は 1 つの複素数を表すものと考えることができる．このように複素数を平面上の点で表したとき，この平面を複素平面またはガウス平面という．

平面上の $z = x + yi$ と原点 O との距離を z の絶対値といい，$|z|$ で表す．また，Oz と x 軸の正の向きとのなす角 θ を z の偏角といい，$\arg z$ で表す．偏角は $0 \leqq \arg z < 2\pi \,(= 360°)$ にとる．

たとえば，$|2 + 3i| = \sqrt{2^2 + 3^2} = \sqrt{13}$,
$$\arg(1 + i) = \dfrac{\pi}{4} (= 45°)$$

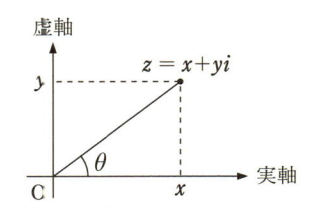

複素数の絶対値と偏角
$|z| = \sqrt{x^2 + y^2}$, $\quad z\bar{z} = x^2 + y^2 = |z|^2$, $\quad |z| = |\bar{z}|$
$|z_1 + z_2| \leqq |z_1| + |z_2|$, $\quad |z_1 z_2| = |z_1||z_2|$, $\quad \left|\dfrac{z_1}{z_2}\right| = \dfrac{|z_1|}{|z_2|}$

$\arg(z_1 z_2) = \arg z_1 + \arg z_2$, $\quad \arg\left(\dfrac{z_1}{z_2}\right) = \arg z_1 - \arg z_2$

$|z| = r$, $\arg z = \theta$ とおくとき
$$x = r\cos\theta,\ y = r\sin\theta$$
であるから

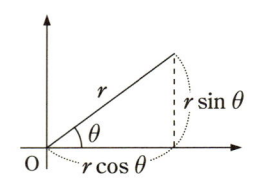

> **極形式**
> $$z = x + yi = r(\cos\theta + i\sin\theta) = re^{i\theta}$$

たとえば，右図から
$i = \cos\dfrac{\pi}{2} + i\sin\dfrac{\pi}{2}$, $-2 = 2(\cos\pi + i\sin\pi)$

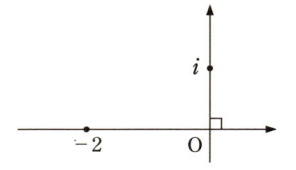

また，すべての整数 n に対して

> **ド・モアブルの公式**
> $$(\cos\theta + i\sin\theta)^n = \cos n\theta + i\sin n\theta$$

例題 4 $z_1 = 5 + 2i$, $z_2 = 3 - 4i$ のとき，$|z_1|$, $|\overline{z_2}|$, $|z_2^2|$, $|\overline{z_1}^2 z_2|$ を計算せよ．

解 $|z_1| = |5 + 2i| = \sqrt{5^2 + 2^2} = \sqrt{29}$,
$|\overline{z_2}| = |3 + 4i| = \sqrt{3^2 + 4^2} = 5$,
$|z_2^2| = |z_2|^2 = |\overline{z_2}|^2 = 5^2 = 25$,
$|\overline{z_1}^2 z_2| = |\overline{z_1}|^2 |z_2| = |z_1|^2 |z_2| = 29 \times 5 = 145$

例題 5 (1) $1 + i$ を極形式で表せ．
(2) $\sqrt{3} + i$ を極形式で表すことにより，$(\sqrt{3} + i)^6$ を計算せよ．

解 (1) $|1+i| = \sqrt{2}$, $\arg(1+i) = \dfrac{\pi}{4}$ であるから，$1+i = \sqrt{2}\left(\cos\dfrac{\pi}{4} + i\sin\dfrac{\pi}{4}\right)$
(2) $|\sqrt{3}+i| = 2$, $\arg(\sqrt{3}+i) = \dfrac{\pi}{6}$ であるから，$\sqrt{3}+i = 2\left(\cos\dfrac{\pi}{6} + i\sin\dfrac{\pi}{6}\right)$.

よって，ド・モアブルの公式を使って
$$(\sqrt{3}+i)^6 = 2^6\left(\cos\frac{\pi}{6}+i\sin\frac{\pi}{6}\right)^6 = 2^6(\cos\pi+i\sin\pi) = -64.$$

練習問題 16

1. 次の複素数を $x+yi$ の形で表せ．
 (1) $(\sqrt{2}i)\times(\sqrt{3}i)^2$ (2) $\dfrac{1}{i}$ (3) $(-2i)^3$
 (4) $(3+i)(1+3i)$ (5) $\dfrac{1}{1-i}$ (6) $\dfrac{1}{i^3}+\dfrac{1}{i^5}$
 (7) $\sqrt{-9}-\sqrt{-4}$ (8) $\sqrt{-3}\times\sqrt{-5}+\dfrac{4}{\sqrt{-2}}$
 (9) $\overline{(2+5i)(1+2i)}$ (10) $(3+i)^3+(1-i)^4$
 (11) $\dfrac{i}{2+i}-\dfrac{i}{2-i}$ (12) $\dfrac{-2+3i}{5+i}$

2. $z_1 = 2+i$, $z_2 = 1-3i$ のとき，次を計算せよ ($x+yi$ の形で表せ)．
 (1) $3z_1+2z_2$ (2) $z_1 z_2$ (3) $\dfrac{z_1}{z_2}$
 (4) $2\overline{z_1}-3\overline{z_2}$ (5) $z_1(\overline{z_2})^2$ (6) $\dfrac{\overline{z_1}z_2}{z_1}$

3. $i(x+i)^2$ が実数になるように実数 x を定めよ．

4. 次の複素数の絶対値を計算せよ．
 (1) $-i^5$ (2) $(5+4i)^2$ (3) $(1+i)^4$
 (4) $-i(1+2i)$ (5) $2i(2+3i)(4-i)^2$ (6) $\dfrac{3+i}{1+3i}$

5. 次の等式を満たす実数 a, b の値を求めよ．
 (1) $(2+i)a+(3+i)b = 7+3i$
 (2) $(3-i)a = (2+i)^2-b$
 (3) $(2+3i)\overline{(a+bi)} = |5+i|^2$
 (4) $a(a+3i)-(2+ai)^2 b = 2a$ $(a\ne 0)$

6. 次の式を満たす z からなる集合を図示せよ．
 (1) $|z|<2$ (2) $1\leqq |z|\leqq 3$ (3) $0\leqq \arg z \leqq \dfrac{\pi}{3}$
 (4) $|z+i|=1$ (5) $|z-1|<|z|$ (6) $|z-1|=|z-i|$

7. 次の複素数を極形式で表せ．

(1) $-i$ (2) $\sqrt{2}+\sqrt{2}i$ (3) $-\sqrt{5}$

(4) $\dfrac{\sqrt{3}}{2}-\dfrac{1}{2}i$ (5) $(1+\sqrt{3}i)^2$ (6) $-3+3i$

8. $z=3+\sqrt{2}i$ のとき，次の値を計算せよ．

(1) $z+1+\dfrac{1}{z}$ (2) z^2+z^{-2}

(3) $z^2-6z+15$ (4) $z^3-7z^2+18z-11$

9. 3次方程式 $x^3+ax^2+bx-10=0$ の1つの解が $1+2i$ であるとき，実数 a,b の値と他の解を求めよ．

10. $z=r(\cos\theta+i\sin\theta)$ とおくことによって，次の方程式を解け．

(1) $z^3=i$ (2) $z^4=-16$

11. $\dfrac{1+\sqrt{3}i}{1+i}=\sqrt{2}\left(\cos\dfrac{\pi}{3}+i\sin\dfrac{\pi}{3}\right)\left(\cos\dfrac{\pi}{4}-i\sin\dfrac{\pi}{4}\right)$ を示せ．また，この式を用いて，$\cos\dfrac{\pi}{12}$ と $\sin\dfrac{\pi}{12}$ の値を求めよ．

練習問題の解答

練習問題 1

1. (1) $a+7b$ (2) $5x-24$ (3) $6a-12$ (4) $-2a-4b$
(5) $10A-3B+17C$

2. 和，差の順に (1) $2x^2+9x+1,\ 4x^2-5x+7$ (2) $4x^2y+3xy^2-y^2,\ 2x^2+2x^2y-5xy^2+y^2$ (3) $\frac{5}{6}x^2-\frac{1}{6}xy-\frac{1}{2}x+\frac{5}{3}y+1,\ \frac{1}{6}x^2+\frac{5}{6}xy-\frac{3}{2}x-\frac{1}{3}y+1$
(4) $-2p^3+6q^3-3p^2-q^2-2pq+2p+5q,\ 4p^3+2q^3-3p^2+q^2+4pq-2p+5q$

3. (1) x^3+6x^2+5x+3 (2) $3x^3-6x^2+3x+3$ (3) $-9x^2+3x-6$
(4) $-(A+2B+4C)=-21x^2-3x-9$ (5) $-2B+5C=-9x^3+25x^2-18x-1$

4. (1) $2x^3+5x^2-7x+2$ (2) $x^4+6x^3+17x^2-24x+7$ (3) $4x^3+14x^2-18x+5$
(4) $x^4+2x^3-x^2-2x+1$ (5) $x^6+15x^5+66x^4+35x^3-198x^2+135x-27$
(6) $15x^4-38x^3+19x^2+4x-3$

5. (1) $4a^4b^2$ (2) $12x^3y^3$ (3) x^8y^4 (4) $-3a^6b^3$ (5) $-24x^5y^6z^7$
(6) $-16a^{11}b^{15}$

6. (1) $x^2+3x-28$ (2) $9a^2-12ab+4b^2$ (3) $4x^2-9$ (4) $2x^2+9xy-5y^2$
(5) $1-x^3$ (6) $2x^3+7x^2-14x+5$ (7) $x^3-6x^2-11x-6$ (8) $a^2+b^2+c^2-2ab+2ac-2bc$ (9) $x^5+10x^4+23x^3+6x^2$ (10) $x^2-y^2-z^2+2yz$
(11) $2t^4+7t^3-3t^2+13t-3$ (12) x^4-y^4 (13) $-p^3+9p^2q-27pq^2+27q^3$
(14) $x^4+16x^3+90x^2+200x+125$ (15) $ab^2-a^2b+bc^2-b^2c+a^2c-ac^2$
(16) $u^6+2u^5v+u^4v^2-u^2v^4-2uv^5-v^6$ (17) $a^6-3a^4b^2+3a^2b^4-b^6$
(18) $(a+(b+2c))^3=a^3+3a^2(b+2c)+3a(b+2c)^2-(b+2c)^3=a^3+3a^2b+6a^2c+3ab^2+12abc+12ac^2+b^3+6b^2c+12bc^2+8c^3$ (19) $a^3+b^3+c^3-3abc$

7. (1) $3xy+y^2$ (2) $4xy$ (3) $4ab+4bc$ (4) $-6x^2y-2y^3$ (5) -6
(6) $2x^6+2x^4y^4-8x^3y^3+2x^2y^2+2y^6$

8. (1) $x^4+8x^3y+24x^2y^2+32xy^3+16y^4$ (2) $243a^5-405a^4b+270a^3b^2-90a^2b^3+15ab^4-b^5$ (3) $(a^2-4b^2)^4=a^8-16a^6b^2+96a^4b^4-256a^2b^6+256b^8$
(4) $a^4+4a^3b+4a^3c+6a^2b^2+12a^2bc+6a^2c^2+4ab^3+12ab^2c+12abc^2+4ac^3+b^4+4b^3c+6b^2c^2+4bc^3+c^4$ (5) $x^7-7x^6y+21x^5y^2-35x^4y^3+35x^3y^4-21x^2y^5+7xy^6-y^7$ (6) $x^8+8x^7+28x^6+56x^5+70x^4+56x^3+28x^2+8x+1$

練習問題 2

1. (1) $\frac{1}{2}a^3b^3$ (2) $x^2y^3z^2$ (3) $2xy$ (4) $\frac{3}{2}a^2b$ (5) $2a^3b - 6ab^2 - 4a$

2. (1) 商は 1, 余りは $3x + 3$ (2) 商は $2x - 1$, 余りは $3x$ (3) 商は $a^2 + 2ab + b^2$, 余りは 0 (4) 商は $x^2 + 10x + 29$, 余りは $43x - 29$ (5) 商は $2t^2 + \frac{1}{2}t$, 余りは $-\frac{13}{2}t - 1$

3. (1) 20 (2) -17 (3) -53 (4) 0

4. (1) $P = (2x^2 + x - 4)(2x + 1) + x - 1 = 4x^3 + 4x^2 - 6x - 5$ (2) $x^3 - 3x^2 + 3x - 4 = P \times (x - 3) + x + 2$ から, $P = (x^3 - 3x^2 + 2x - 6) \div (x - 3) = x^2 + 2$.

5. $f(x) = (x - 2)(3x + 1)Q + ax + b$ とおけるから $f(2) = 2a + b = 1$, $f\left(-\frac{1}{3}\right) = -\frac{1}{3}a + b = 8$. よって, 余りは $ax + b = -3x + 7$.

6. $f(x) = x^3 + ax + b = (x^2 - 5x + 4)Q + x + 3 = (x - 1)(x - 4)Q + x + 3$ から, $f(1) = a + b + 1 = 4$, $f(4) = 4a + b + 64 = 7$. この連立方程式を解いて, $a = -20$, $b = 23$

7. 割り算をすれば, $k = 3$

8. (1) $247 = 143 \times 1 + 104$, $143 = 104 \times 1 + 39$, $104 = 39 \times 2 + 26$, $39 = 26 \times 1 + 13$, $26 = 13 \times 2$ となるから, $(247, 143) = 13$ (2) $238 = 195 \times 1 + 43$, $195 = 43 \times 4 + 23$, $43 = 23 \times 1 + 20$, $23 = 20 \times 1 + 3$, $20 = 3 \times 6 + 2$, $3 = 2 \times 1 + 1$ となるから, $(238, 195) = 1$ (3) $2541 = 792 \times 3 + 165$, $792 = 165 \times 4 + 132$, $165 = 132 \times 1 + 33$, $132 = 33 \times 4$ となるから, $(2541, 792) = 33$
(4) $2x^2 - x - 3 = (x^2 - x - 2) \times 2 + (x + 1)$, $x^2 - x - 2 = (x + 1)(x - 2)$ となるから, $(x^2 - x - 2, 2x^2 - x - 3) = x + 1$ (5) $x^3 - 3x^2 + 3x - 1 = (2x^2 + x - 3)\left(\frac{x}{2} - \frac{7}{4}\right) + \frac{25}{4}(x - 1)$, $2x^2 + x - 3 = (x - 1)(2x + 3)$ となるから, $(x^3 - 3x^2 + 3x - 1, 2x^2 + x - 3) = x - 1$ (6) $4x^4 - 4x^3 + 2x - 1 = (2x^3 - 6x^2 + 5x - 2)(2x + 4) + 7(2x^2 - 2x + 1)$, $2x^3 - 6x^2 + 5x - 2 = (2x^2 - 2x + 1)(x - 2)$ となるから, $(4x^4 - 4x^3 + 2x - 1, 2x^3 - 6x^2 + 5x - 2) = 2x^2 - 2x + 1$

練習問題 3

1. (1) $(x - 3)(x + 4)$ (2) $\left(x - \frac{1}{2}\right)^2$ (3) $(x + 2)(x + 8)$
   (4) $(3x - 2y + 2)(3x - 2y - 4)$ (5) $(x + 2y)(3x + 5y)$ (6) $(x + 3)(4x^2 - 3x - 1) = (x + 3)(x - 1)(4x + 1)$ (7) $(t^2 - 4)(t^2 - 2) = (t - 2)(t + 2)(t^2 - 2)$
   (8) $m^2 - (n + 3)m + n + 2 = (m - 1)(m - (n + 2)) = (m - 1)(m - n - 2)$

(9) $3x^2 + (4-2a)x - (a+1)(a-1) = (3x+a+1)(x-a+1)$
(10) $x^2 + (8a-1)x + (3a+1)(5a-2) = (x+3a+1)(x+5a-2)$
(11) $x^2+6x = X$ とおけば $(X+6)(X-2)+7 = X^2+4X-5 = (X+5)(X-1) = (x^2+6x+5)(x^2+6x-1) = (x+1)(x+5)(x^2+6x-1)$
(12) $x^2 + (y+3)x - (6y^2-19y+10) = x^2+(y+3)x - (3y-2)(2y-5) = (x+3y-2)(x-(2y-5)) = (x+3y-2)(x-2y+5)$

2. (1) $2a(b-3c)$ (2) $(a-b)(x-y)$ (3) $(x+3yz)(x-3yz)$
   (4) $(2a+b-c)(2a-b+c)$ (5) $2x(x+2)(x-2)$ (6) $(n-1)(m-1)$
   (7) $(a+2b)(a-2b)(a^2+4b^2)$ (8) $a^2-b^2-ac+bc = (a-b)(a+b)-c(a-b) = (a-b)(a+b-c)$ (9) $a^2(b-c)+b^2(c-b) = (b-c)(a^2-b^2) = (a+b)(a-b)(b-c)$
   (10) $(p-q-r)(p^2+q^2+r^2+pq+pr+2qr)$ (11) $(x^3+1)(x^3-1) = (x+1)(x-1)(x^2-x+1)(x^2+x+1)$ (12) $(x^2-1)^2 - x^2 = (x^2+x-1)(x^2-x-1)$ (13) $(x^2+2)^2-(2x)^2 = (x^2+2x+2)(x^2-2x+2)$
   (14) $(a+b)^3+c^3-3a^2b-3ab^2-3abc = (a+b+c)\{(a+b)^2-(a+b)c+c^2\}-3ab(a+b+c) = (a+b+c)(a^2+b^2+c^2-ab-bc-ca)$ (15) $a^2c-b^2c-a^2b+ab^2+bc^2-ac^2 = c(a+b)(a-b)-ab(a-b)-c^2(a-b) = (a-b)(ac+bc-ab-c^2) = (a-b)\{c(b-c)-a(b-c)\} = (a-b)(b-c)(c-a)$
   (16) $ac^2+bc^2+a^2c+b^2c+2abc+a^2b+ab^2 = c^2(a+b)+c(a^2+b^2+2ab)+ab(a+b) = (a+b)\{c^2+(a+b)c+ab\} = (a+b)(b+c)(c+a)$

3. (1) $(x+3)(x-11)=0$ から $x=-3, 11$ (2) $x^2+2x-15 = (x+5)(x-3)=0$ から $x=-5,3$ 以下, 左辺を $f(x)$ などとおく. (3) $f(1)=0$ から $f(x) = (x-1)(x^2-5x+4) = (x-1)^2(x-4)=0$. よって, $x=1$ (重解), 4
   (4) $f(1)=0$ から $f(x) = (x-1)(x^2-3x-10) = (x-1)(x+2)(x-5)=0$. よって, $x=-2,1,5$ (5) $f(2)=0$ から $f(x) = (x-2)(x^2-5)=0$. よって, $x=2, \pm\sqrt{5}$ (6) $f(x) = (x^2-4)(x^2-3)$ から $x=\pm 2, \pm\sqrt{3}$ (7) $f(2)=0$ から $f(x) = (x-2)(2x^2+5x+2) = (x-2)(x+2)(2x+1)=0$. よって, $x = -\dfrac{1}{2}, \pm 2$ (8) $f(-1) = f\left(\dfrac{2}{3}\right) = 0$ から $f(u) = (u+1)(3u-2)(u^2-3u+1)$. よって, $u = -1, \dfrac{2}{3}, \dfrac{3\pm\sqrt{5}}{2}$

4. 最大公約数, 最小公倍数の順に (1) $6ab^2c^2$, $12a^2b^3c^3$ (2) $4a^2bx^2y^2$, $120a^3b^2x^4y^3$ (3) $(x+1)^2$, $(x+1)^3(x+3)(x-3)^2$ (4) $6x^2+5x-6 = (2x+3)(3x-2)$, $4x^2+12x+9 = (2x+3)^2$ から, $2x+3$, $(2x+3)^2(3x-2)$
   (5) $x^2+x-2 = (x-1)(x+2)$, $x^3+2x^2+x+2 = (x+2)(x^2+1)$, $x^3-x^2-6x = x(x+2)(x-3)$ から, $x+2$, $x(x+2)(x-1)(x-3)(x^2+1)$

5. 与式を $f(x)$ とおく．(1) $f(-2) = -4 + k = 0$ から $k = 4$, $x^3 - 2x + 4 = (x+2)(x^2-2x+2)$ (2) $f(-2) = -24+4k = 0$ から $k = 6$, $3x^3+6x^2+x+2 = (x+2)(3x^2+1)$

6. $f(x)$ を実際に $(x+1)^2 = x^2 + 2x + 1$ で割ると，余りは $(a+8)x + b + 5$．よって，$a + 8 = b + 5 = 0$ から $a = -8$, $b = -5$．

7. $2x^4 - 7x^3 - 5x^2 - 2x + 4 = (x^2 - 4x - 1)(2x^2 + x + 1) + 3x + 5$ であるから，$3x + 5$ に $x = 2 \pm \sqrt{5}$ を代入すれば $11 \pm 3\sqrt{5}$．

8. (1) $(x^2 - 4)(x^2 + 4) = 0$, $x^2 + 4 > 0$ から $x = \pm 2$ (2) $(x-3)^2(x^2+1) = 0$ から $x = 3$ (重解)   (3) $(x+2)^3 + 2^3 = (x+4)\{(x+2)^2 - 2(x+2) + 4\} = (x+4)(x^2 + 2x + 4) = 0$, $x^2 + 2x + 4 = (x+1)^2 + 3 > 0$ から $x = -4$
(4) 与式を $f(t)$ とおけば $f(2) = 0$ から $(t-2)(t+2)(t^2+3t+3) = 0$, $t^2+3t+3 = \left(t + \dfrac{3}{2}\right)^2 + \dfrac{3}{4} > 0$．よって，$t = \pm 2$

9. (1) $2y^2 - 3y - 5 = 0$ を解いて $y = -1, \dfrac{5}{2}$ (2) $x + \dfrac{1}{x} = \dfrac{5}{2}, -1$ から $x = 2, \dfrac{1}{2}, \dfrac{-1 \pm \sqrt{3}i}{2}$

10. (1) $-2 < x < 1$ (2) $(x+3)(x-4) > 0$ から $x < -3$, $x > 4$ (3) $(x-2)^2 \leqq 0$ となるから $x = 2$ (4) $(x+4)(x-1)(x-2) \leqq 0$ から $x \leqq -4$, $1 \leqq x \leqq 2$

11. (1) uv (2) $2u - 3v$ (3) $x^2 + y^2 = (x+y)^2 - 2xy = u^2 - 2v$
(4) $(x-y)^2 = (x+y)^2 - 4xy = u^2 - 4v$ (5) $x^3 + y^3 = (x+y)(x^2 - xy + y^2) = u(u^2 - 3v)$

12. 右辺 $-$ 左辺を計算する．

13. 左辺 $-$ 右辺 $= (ay - bx)^2$, $(ay - bx)^2 + (cx - az)^2 + (bz - cy)^2$．

14. 左辺 $-$ 右辺を因数分解すると，順に $(a-b)^2(a+2b)$, $\dfrac{(a-b)^2}{ab}$, $ab(a-b)^2$．

練習問題 4

1. (1) $\dfrac{5}{6}$ (2) $-\dfrac{1}{6}$ (3) $\dfrac{7}{60}$ (4) $\dfrac{17}{20}$ (5) $\dfrac{54}{35}$ (6) $\dfrac{3}{2}$

2. (1) $\dfrac{bx}{2ay^2}$ (2) $\dfrac{(x-1)(x-2)}{x(x-1)} = \dfrac{x-2}{x}$ (3) $\dfrac{a(a+b)^2}{(a+b)(a^2-ab+b^2)} = \dfrac{a(a+b)}{a^2-ab+b^2}$ (4) $\dfrac{(a+b+c)(a-b-c)}{(a+b+c)(a+b-c)} = \dfrac{a-b-c}{a+b-c}$

3. (1) $\dfrac{a}{2x}$ (2) $\dfrac{y^3}{2ax}$ (3) $\dfrac{(x+2)^2 x(x-1)}{(x-1)(x+1)(x+2)} = \dfrac{x(x+2)}{x+1}$ (4) $\dfrac{4y^4}{27x^6}$ (5) $\dfrac{x(x-y)(x+y)}{x^3(x+y)(x-y)} = \dfrac{1}{x^2}$ (6) $\dfrac{b^2(a+2b)(a^2-2ab+4b^2)(a-3b)}{a(a+3b)(a-3b)(a+2b)}$

$$= \frac{b^2(a^2 - 2ab + 4b^2)}{a(a+3b)}$$

4. (1) $\dfrac{x^2+1}{x^2}$ (2) $\dfrac{2x+1}{x^2}$ (3) $\dfrac{x^2+6}{3x}$ (4) $\dfrac{11x-5}{(x-1)(5x-2)}$

(5) $\dfrac{x^2+3x+1}{x+2}$ (6) $\dfrac{x^3}{x+1}$ (7) $\dfrac{x^3+x^2+x+2}{x(x+1)}$ (8) $-\dfrac{2}{x^2+1}$

(9) $\dfrac{a+1}{a+2}$ (10) $\dfrac{x^2+y^2}{(x+y)^2(x-y)}$ (11) $\dfrac{x+3}{(x-1)^2} - \dfrac{x}{(x-1)(x+2)} = \dfrac{6x+6}{(x-1)^2(x+2)}$ (12) $\dfrac{2x-1}{(x-2)(x-3)} - \dfrac{1}{(x-2)(x+1)} = \dfrac{2x^2+2}{(x-2)(x-3)(x+1)}$

(13) $\dfrac{a^2-b^2}{ab(a-b)} = \dfrac{a+b}{ab}$

(14) $\dfrac{x(x+1)(x+3) - (x-1)(x+1)(x+3) + x(x-1)(x+3) - x(x-1)(x+1)}{x(x-1)(x+1)(x+3)} = \dfrac{3x^2+2x+3}{x(x-1)(x+1)(x+3)}$ (15) $\dfrac{x+2}{x(x+1)} - \dfrac{x+2}{x(x+3)} = \dfrac{2(x+2)}{x(x+1)(x+3)}$

(16) $\dfrac{2}{1-x^2} + \dfrac{2}{1+x^2} - \dfrac{4}{1+x^4} = \dfrac{4}{1-x^4} - \dfrac{4}{1+x^4} = \dfrac{8x^4}{1-x^8}$

(17) $\dfrac{c-a+b-a+b-c}{(a-b)(b-c)(c-a)} = \dfrac{2}{(c-a)(c-b)}$

5. 分母 ÷ 分子を計算して，商と余りを求める．

(1) $2 + \dfrac{1}{x+3}$ (2) $3 - \dfrac{7}{3x+2}$ (3) $x^2 + 1 + \dfrac{1}{x}$ (4) $\dfrac{1}{2}x^2 - \dfrac{2x^2-3}{2x^3}$

(5) $x+2 + \dfrac{3}{x-1}$ (6) $2x^2 + 2 + \dfrac{3x+1}{x^2-1}$ (7) $\dfrac{2x^2+2x-1}{4} + \dfrac{2x-3}{8x^2+4}$

(8) $u^2 + 2 - \dfrac{u^2-5u+4}{u^3-2u+1}$

6. (1) $\dfrac{1}{y} = 1 - \dfrac{1}{x} = \dfrac{x-1}{x}$ から $y = \dfrac{x}{x-1}$ (2) $a^2 - ab - 2b^2 = (a+b)(a-2b) = 0$ から $a = 2b$ または $a = -b$ (3) $\dfrac{xy}{x^2+y} = \dfrac{1}{x}$ から $x^2y = x^2 + y$. よって，$y = \dfrac{x^2}{x^2-1}$

7. (1) $\dfrac{1}{2}\left(\dfrac{1}{x-2} - \dfrac{1}{x}\right)$ (2) $\dfrac{1}{x-1} - \dfrac{1}{x+1}$ (3) $\dfrac{1}{a-b}\left(\dfrac{1}{x-a} - \dfrac{1}{x-b}\right)$

(4) (一例) $\dfrac{a}{x} + \dfrac{b}{x^2} + \dfrac{c}{x+1} = \dfrac{(a+c)x^2 + (a+b)x + b}{x^2(x+1)}$ から $a+c = a+b = 0$, $b = 1$. よって，与式 $= \dfrac{1}{x+1} - \dfrac{1}{x} + \dfrac{1}{x^2}$.

8. 右辺を通分して分子どうしを較べる．$a(x+1)(x^2+1)^2 + b(x-1)(x^2+1)^2 + (cx+d)(x^2-1)(x^2+1) + (ex+f)(x^2-1) = x+2$ に $x = -1, 1$ を代入すれば，$a = \dfrac{3}{8}$, $b = -\dfrac{1}{8}$．さらに，$x = 0, -2, 2$ などを代入して，$c = -\dfrac{1}{4}$, $d = -\dfrac{1}{2}$, $e = -\dfrac{1}{2}$, $f = -1$.

9. $x^2 + \dfrac{1}{x^2} = \left(x + \dfrac{1}{x}\right)^2 - 2 = 7$, $\left(x + \dfrac{1}{x}\right)^3 = x^3 + \dfrac{1}{x^3} + 3\left(x + \dfrac{1}{x}\right) = 27$ であるから $x^3 + \dfrac{1}{x^3} = 18$

10. (1) $\dfrac{x(x-2)}{x-1} \geqq 0$ より $x(x-2) \geqq 0$, $x - 1 > 0$ であるか $x(x-2) \leqq 0$, $x - 1 < 0$．よって，$0 \leqq x < 1$, $x \geqq 2$　(2) $-8 \geqq x$, $-3 < x < 2$

11. (1) 左辺 − 右辺を通分する．　(2) $c = \dfrac{1}{ab}$ を代入する．

12. (1) $b + c = -a$ などから $\dfrac{-a}{a} + \dfrac{-b}{b} + \dfrac{-c}{c} = -3$

　(2) 第1項 $= \dfrac{(b+c)(b-c)}{a} = \dfrac{-a(b-c)}{a} = c - b$ などとすれば 0

　(3) 通分して c を消去すれば -3

練習問題 5

1. (1) 3　(2) 10　(3) 6　(4) $2\sqrt{3}$　(5) $\sqrt{3}(3\sqrt{3} - 2\sqrt{3}) = 3$
   (6) $4\sqrt{3} - 10\sqrt{2} - 3\sqrt{3} + 10\sqrt{2} = \sqrt{3}$　(7) $7 + 2\sqrt{10}$　(8) $11 - \sqrt{6}$

2. (1) $\dfrac{\sqrt{3}}{2}$　(2) $\dfrac{3\sqrt{2} - 2\sqrt{3}}{6}$　(3) $\dfrac{\sqrt{6} + \sqrt{2}}{4}$　(4) $2 - \sqrt{3}$　(5) $\dfrac{5 - \sqrt{21}}{2}$
   (6) $1 + \sqrt{2} + \sqrt{3}$

3. (1) $\sqrt{2} - 1$　(2) $\sqrt{5} - \sqrt{2}$　(3) $\sqrt{4 + 2\sqrt{3}} = \sqrt{3} + 1$
   (4) $\sqrt{\dfrac{6 + 2\sqrt{5}}{2}} = \dfrac{\sqrt{5} + 1}{\sqrt{2}} = \dfrac{\sqrt{10} + \sqrt{2}}{2}$

4. $2 = \sqrt{4} < \sqrt{7} < \sqrt{9} = 3$, $\dfrac{2}{3 - \sqrt{7}} = 3 + \sqrt{7} = 5 + \sqrt{7} - 2$ であるから $x = 5$, $y = \sqrt{7} - 2$　(1) $\sqrt{7} - 2$　(2) 8　(3) $\dfrac{1}{x - y} = \dfrac{1}{7 - \sqrt{7}} = \dfrac{7 + \sqrt{7}}{42}$

5. (1) 2　(2) $x + y = 2(\sqrt{10} + \sqrt{3})$ であるから，与式 $= \sqrt{10} + \sqrt{3}$
   (3) $(x+y)^2 - 2xy = 4(\sqrt{10} + \sqrt{3})^2 - 4 = 8(6 + \sqrt{30})$
   (4) $(x+y)(x^2 + y^2 - xy) = 2(\sqrt{10} + \sqrt{3})\{8(6 + \sqrt{30}) - 2\} = 4(35\sqrt{10} + 63\sqrt{3})$

6. (1) 8　(2) $\dfrac{2}{x-1}$　(3) $\dfrac{2}{\sqrt{x^2-1}}$　(4) $\dfrac{x-1}{x+1}$　(5) $2\sqrt{x^2+1}$

練習問題 6

1. (1)　(2) 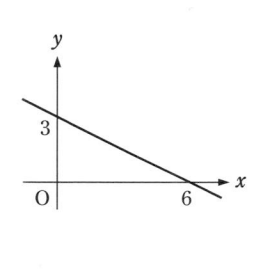　(3) 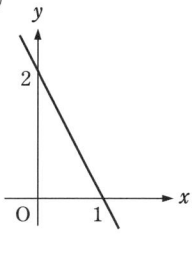　(4) 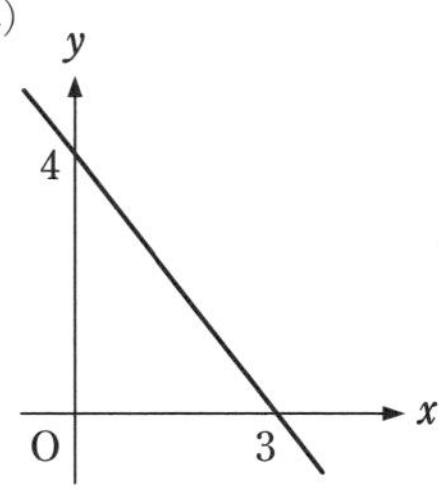　(5) 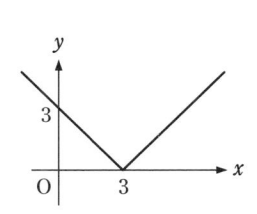　(6)

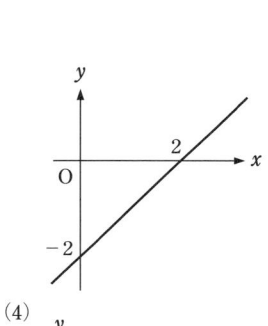

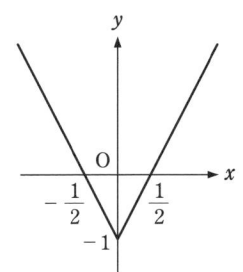

2. (1) $y=-2x+1$　(2) $y=-2x+3.5$　(3) $y=2x-3$　(4) $y=-2x-3$

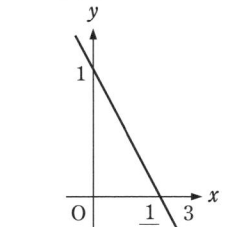

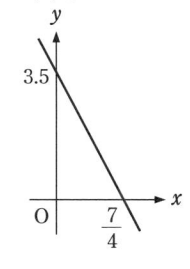

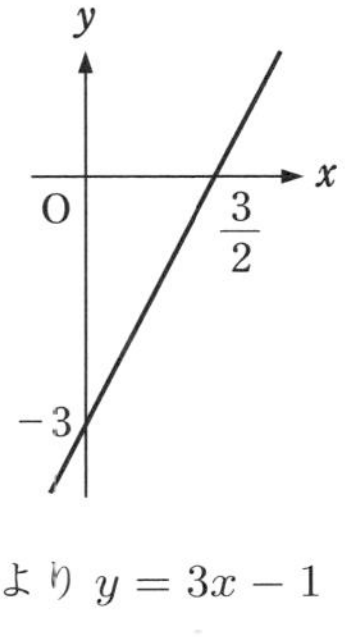

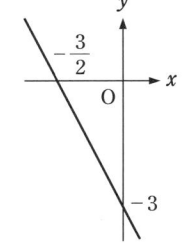

3. (1) $y=-2x$　(2) $y=3(x-2)+5$ より $y=3x-1$　(3) $\dfrac{x}{5}+\dfrac{y}{3}=1$

 (4) $(2,-3)$ を通る直線 $y=m(x-2)-3$ が $(-1,4)$ を通ることから, $y=-\dfrac{7}{3}x+\dfrac{5}{3}$

4. (1) $y=2(x-2)^2$　(2) $y=2x^2-3$　(3) $y=2x^2+4x+4$　(4) $y=-2x^2+3$

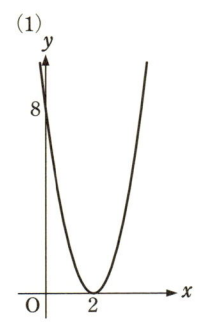

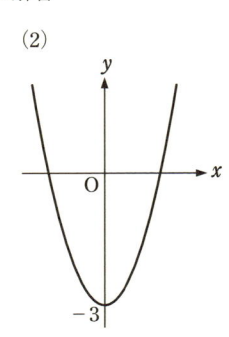

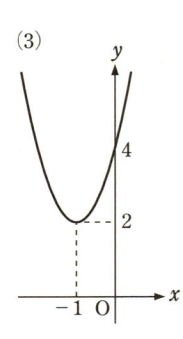

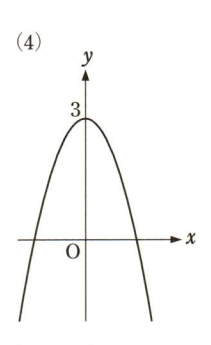

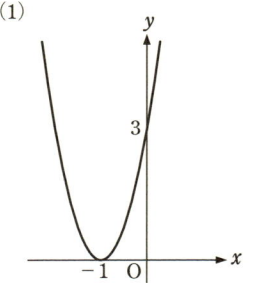

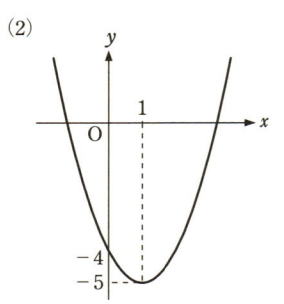

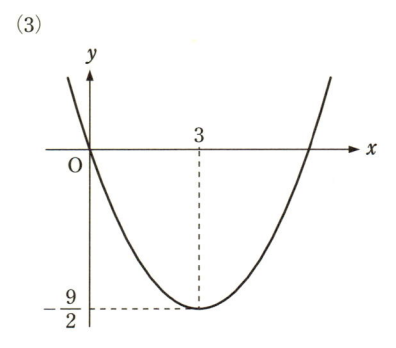

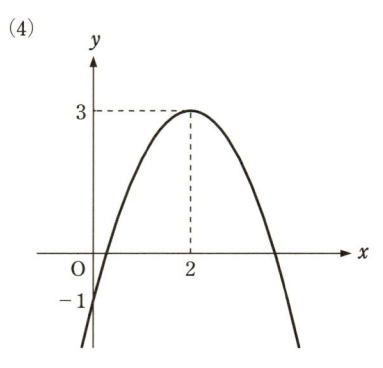

5. (1) $(-1, 0)$ (2) $(1, -5)$ (3) $y = \dfrac{1}{2}(x-3)^2 - \dfrac{9}{2}$ より $\left(3, -\dfrac{9}{2}\right)$

(4) $y = -(x-2)^2 + 3$ より $(2, 3)$

6. (1) (2)

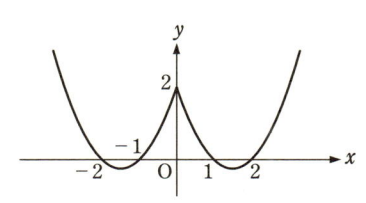

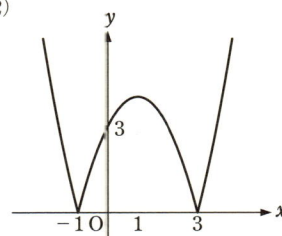

(3) 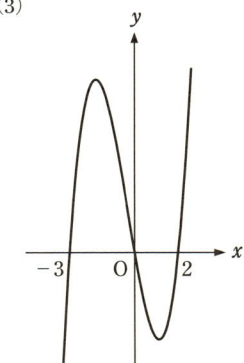 (4)

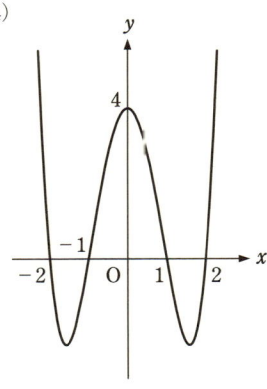

7. $3 \leqq x \leqq 4$ のとき $y = 3x - 3$, $0 \leqq x < 3$ のとき $y = x + 3$, $-2 \leqq x < 0$ のとき $y = -3x + 3$ であるから, 最大値 9 ($x = -2, 4$ のとき), 最小値 3 ($x = 0$ のとき).

8. $f(x) = -\left(x - \dfrac{5}{2}\right)^2 + \dfrac{13}{4}$ (1) $x = 2$ のとき最大値 3, $x = 0$ のとき最小値 -3 (2) $x = \dfrac{5}{2}$ のとき最大値 $\dfrac{13}{4}$, $x = 1, 4$ のとき最小値 1.

9. 2 次方程式 $y = 0$ を解く. (1) 2, 5 (2) $\dfrac{-1 \pm \sqrt{5}}{2}$ (3) 交点はない (4) $\dfrac{5 \pm \sqrt{21}}{2}$

10.

(1)

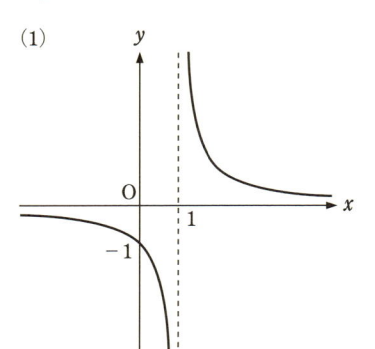

(2) $y = -\dfrac{1}{x+1} + 2$

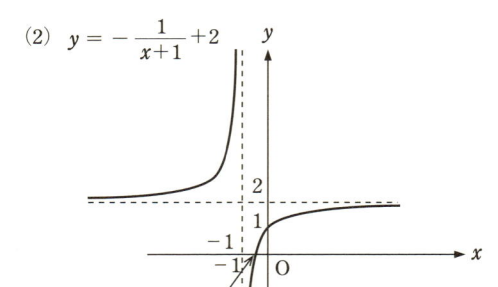

11. (1)

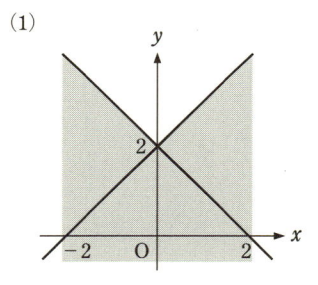

(2)

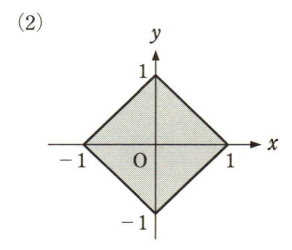

(3) 境界を含む

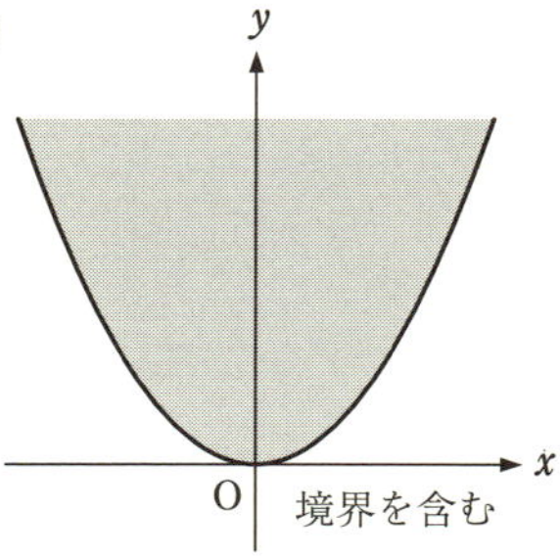

(4) 境界を含む

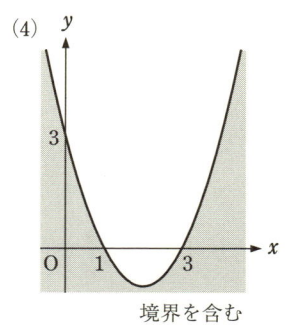

12.

(1)　(2) 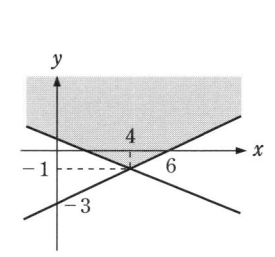　(3)

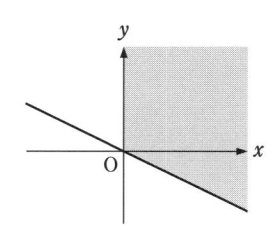

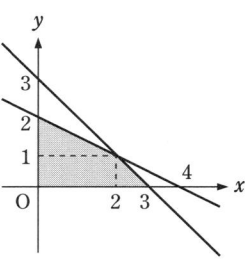

(4) 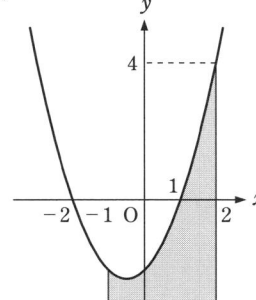　(5)

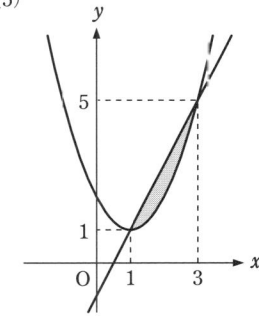

(2)〜(5)は
境界を含む

練習問題 7

1. 焦点，準線の順に　(1) $(2, 0)$, $x = -2$　(2) $\left(-\dfrac{1}{8}, 0\right)$, $x = \dfrac{1}{8}$

(3) $\left(0, \dfrac{5}{2}\right)$, $y = -\dfrac{5}{2}$

(1)　(2) 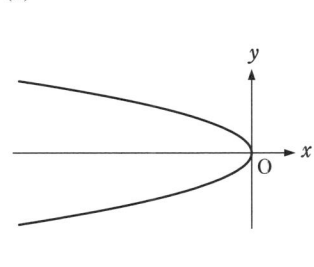　(3)

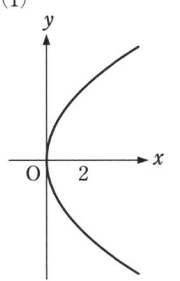

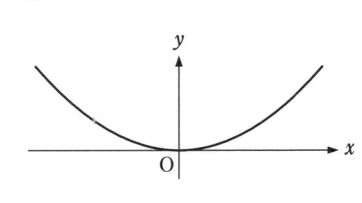

2.
(1) (2) 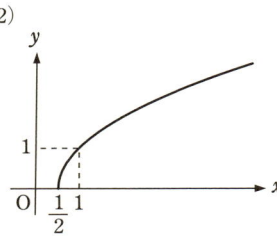 (3)

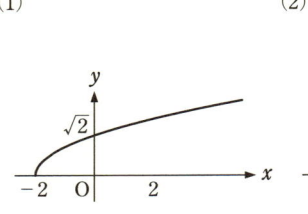

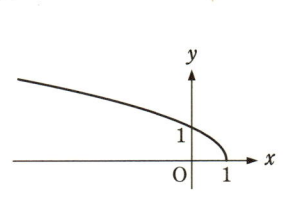

(4)  (5) 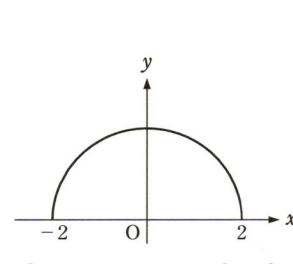 (6)

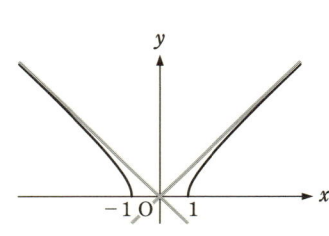

3. (1) $(x+1)^2+(y-3)^2=5$　(2) $(x-3)^2+y^2=9$　(3) $(x-2)^2+(y+4)^2=20$

4. (1) 焦点は $(1, 0)$, $(-1, 0)$　(2) $\dfrac{x^2}{1^2}+\dfrac{y^2}{2^2}=1$ より，焦点は $(0, \sqrt{3})$, $(0, -\sqrt{3})$

　(3) 焦点は $(\sqrt{5}, 0)$, $(-\sqrt{5}, 0)$, 漸近線は $y=\pm\dfrac{\sqrt{6}}{2}x$　(4) $x^2-\dfrac{y^2}{\left(\dfrac{3}{2}\right)^2}=-1$

より，焦点は $\left(0, \dfrac{\sqrt{13}}{2}\right)$, $\left(0, -\dfrac{\sqrt{13}}{2}\right)$, 漸近線は $y=\pm\dfrac{3}{2}x$

(1) (2)

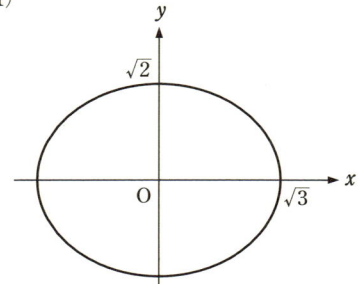

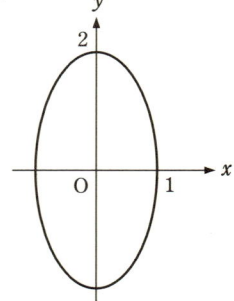

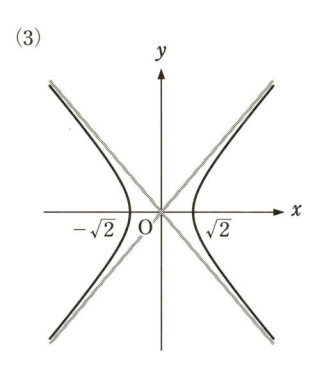

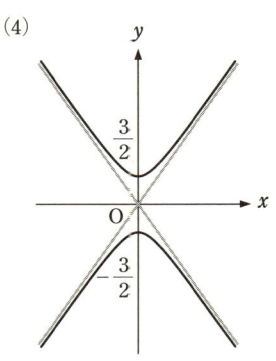

(3) [figure: hyperbola with vertices at $\pm\sqrt{2}$ on x-axis]
(4) [figure: hyperbola with vertices at $\pm\frac{3}{2}$ on y-axis]

5. (1) $y^2 = -12x$ 　(2) 頂点が原点, 準線 $x = -2$ の放物線 $y^2 = 8x$ を x 軸方向に 1, y 軸方向に -2 だけ平行移動したものになるから, $(y+2)^2 = 8(x-1)$

(3) $a^2 - b^2 = 4$, $2a = 5$ より, $a = \dfrac{5}{2}$, $b = \dfrac{3}{2}$. よって, $\dfrac{4}{25}x^2 + \dfrac{4}{9}y^2 = 1$

(4) $b^2 - a^2 = 3$, $a = 2$ より, $\dfrac{x^2}{4} + \dfrac{y^2}{7} = 1$ 　(5) $x^2 - \dfrac{y^2}{4} = 1$

(6) $a = b = \sqrt{2}$ となり, 直角双曲線 $\dfrac{x^2}{2} - \dfrac{y^2}{2} = 1$ を y 軸方向に 1 だけ平行移動したものであるから, $\dfrac{x^2}{2} - \dfrac{(y-1)^2}{2} = 1$

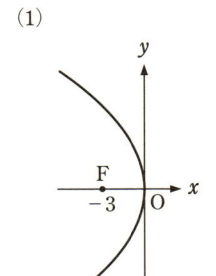

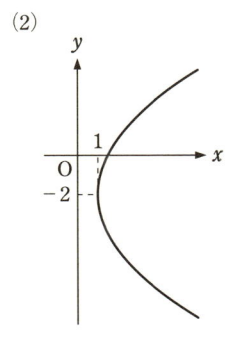

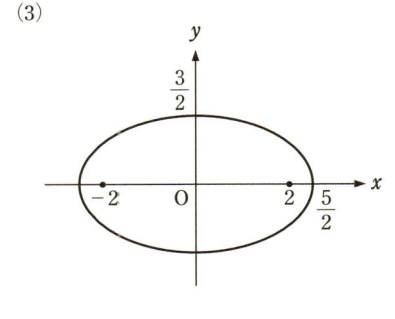

(1) [figure: parabola opening left, focus F at -3]
(2) [figure: parabola opening right, vertex at $(0,1)$, passes through $(0,-2)$]
(3) [figure: ellipse with x-intercepts ± 2, $5/2$ marked, y-intercept $3/2$]

(4)　(5) 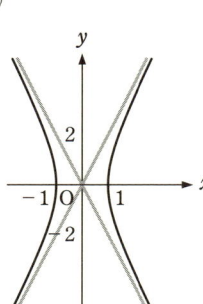　(6)

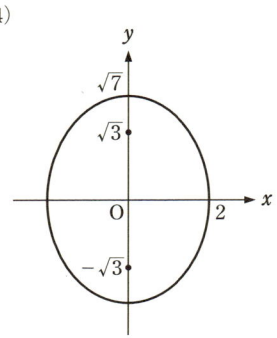

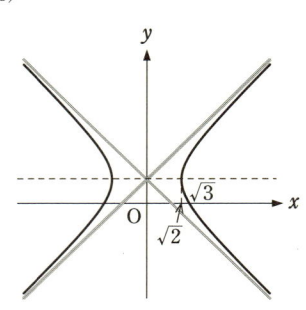

6. (1) $(y-2)^2 = 4(x+3)$ となり，放物線 $y^2 = 4x$ を x 軸方向に -3，y 軸方向に 2 だけ平行移動したもの　(2) $(x-1)(y-2) = 2$ となり，直角双曲線 $xy = 2$ を x 軸方向に 1，y 軸方向に 2 だけ平行移動したもの　(3) 中心 $(-2, 3)$，半径 4 の円 $(x+2)^2 + (y-3)^2 = 4^2$　(4) 楕円 $(x-1)^2 + \dfrac{y^2}{2^2} = 1$
(5) $\dfrac{(x-1)^2}{2^2} + \dfrac{(y+3)^2}{3^2} = 1$ となるから，これは楕円 $\dfrac{x^2}{2^2} + \dfrac{y^2}{3^2} = 1$ を x 軸方向に 1，y 軸方向に -3 だけ平行移動したもの　(6) $\dfrac{(x-1)^2}{2} - (y+1)^2 = 1$ となるから，これは双曲線 $\dfrac{x^2}{2} - y^2 = 1$ を x 軸方向に 1，y 軸方向に -1 だけ平行移動したもの

7.　(1)　(2)

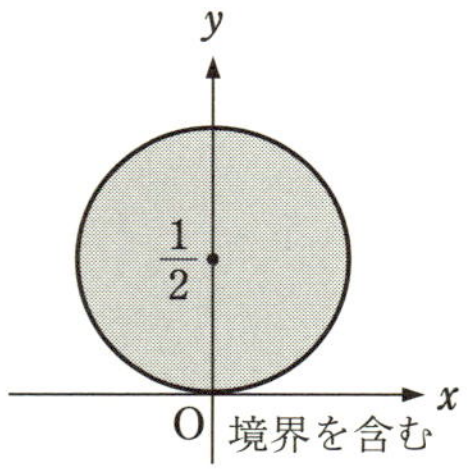

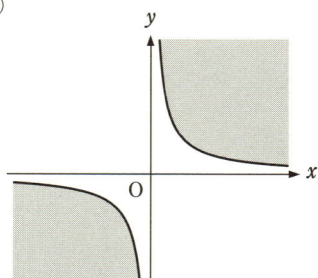

(3)

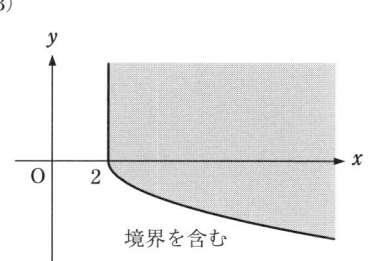

(4)

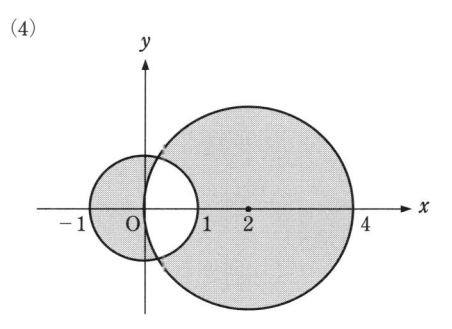

(5)

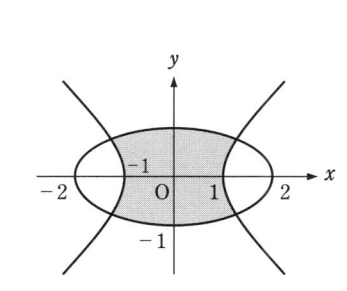

(6)

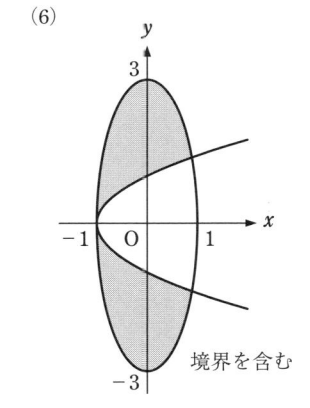

境界を含む

境界を含む

練習問題 8

1. (1) $1+2+3+4+5+6$ (2) $4+5+6+7+8+9$ (3) $3+5+7+9+11+13$
(4) $1+\dfrac{1}{2}+\dfrac{1}{3}+\dfrac{1}{4}+\dfrac{1}{5}$ (5) $-1+0+3+8+15+24+35+48$
(6) $2!+3!+4!+5!+6!$

2. 以下は一例. (1) はたとえば $\displaystyle\sum_{k=3}^{52}(k-2)$ などと表すことができる.

(1) $\displaystyle\sum_{k=1}^{50} k$ (2) $\displaystyle\sum_{k=1}^{50} 2k$ (3) $\displaystyle\sum_{k=11}^{40} k^3$ (4) $\displaystyle\sum_{k=1}^{10} \sqrt{k}$ (5) $\displaystyle\sum_{k=0}^{m} x_k$

(6) $\displaystyle\sum_{k=0}^{m} f(n+k)$ (7) $\displaystyle\sum_{n=1}^{\infty} \dfrac{1}{n^2}$ (8) $\displaystyle\sum_{k=1}^{50} \dfrac{1}{(2k-1)(2k+1)}$ (9) $\displaystyle\sum_{k=1}^{10} (2^k - 1)$

3. (1) $\dfrac{20}{2}(10 + 19 \times 2) = 480$ (2) $\dfrac{30}{2}(60 + 29 \times (-4)) = -840$

(3) $10 \dfrac{1-\left(\frac{1}{3}\right)^{20}}{1-\frac{1}{3}} = 15\left(1 - \dfrac{1}{3^{20}}\right)$ (4) $\dfrac{1}{4}(1 - 3^{30})$

104   練習問題の解答

4. (1) 125250 (2) $1+4+7+\cdots+199 = \dfrac{67}{2}(2+66\times 3) = 6700$ ($a=1$, $d=3$, $n=67$) (3) $3+6+9+\cdots+999 = 3(1+2+3+\cdots+333) = \dfrac{3}{2}\times 333\times 334 = 166833$ (4) $100+102+104+\cdots+998 = 2(50+51+52+\cdots+499) = 2\times \dfrac{450}{2}(2\times 50+449) = 247050$

5. (1) $n(n+1)$ (2) $\dfrac{3}{2}n(n+1)-n = \dfrac{n}{2}(3n+1)$ (3) $n^2 - \dfrac{n}{2}(n+1) = \dfrac{n}{2}(n-1)$
(4) $\dfrac{1}{6}n(n+1)(2n+1) + \dfrac{3}{2}n(n+1) = \dfrac{n}{3}(n+1)(n+5)$
(5) $\displaystyle\sum_{k=1}^{n}\left(\dfrac{1}{k} - \dfrac{1}{k+1}\right) = \left(1 - \dfrac{1}{2}\right) + \left(\dfrac{1}{2} - \dfrac{1}{3}\right) + \cdots + \left(\dfrac{1}{n} - \dfrac{1}{n+1}\right) = 1 - \dfrac{1}{n+1} = \dfrac{n}{n+1}$
(6) 分母と分子に $\sqrt{k+1} - \sqrt{k}$ をかければ, $\displaystyle\sum_{k=1}^{n}(\sqrt{k+1} - \sqrt{k}) = (\sqrt{2}-1) + (\sqrt{3}-\sqrt{2}) + \cdots + (\sqrt{n+1}-\sqrt{n}) = \sqrt{n+1} - 1$

6. (1) $a_n = (2n-1)(n+3)$, $S_n = \displaystyle\sum_{k=1}^{n}(2k^2+5k-3) = \dfrac{1}{6}n(4n^2+21n-1)$
(2) $a_n = \dfrac{1}{2}n(n+1)$, $S_n = \dfrac{1}{6}n(n+1)(n+2)$
(3) $a_n = 10^{n-1} + \cdots + 10 + 1 = \dfrac{1}{9}(10^n - 1)$, $S_n = \dfrac{10}{81}(10^n - 1) - \dfrac{n}{9}$

7. (1) 17280 (2) 6 (3) 1680 (4) $\dfrac{12}{7}$ (5) 336 (6) $\dfrac{7}{2}$ (7) 4410
(8) $\dfrac{11}{252}$

8. (1) $a^6 + 6a^5b + 15a^4b^2 + 20a^3b^3 + 15a^2b^4 + 6ab^5 + b^6$ (2) $x^7 + 7x^6 + 21x^5 + 35x^4 + 35x^3 + 21x^2 + 7x + 1$ (3) $x^5 - 10x^4y + 40x^3y^2 - 80x^2y^3 + 80xy^4 - 32y^5$

9. (2), (3) $(1+x)^n$, $(1-x)^n$ の2項定理の展開式で $x=1$ とおく.

練習問題 9

1. (1) $\dfrac{1}{2}$ (2) 0 (3) $\dfrac{1}{4}$ (4) $-\dfrac{1}{2}$ (5) $\dfrac{3}{2}$
(6) $\dfrac{(\sqrt{n+2}-\sqrt{n})(\sqrt{n+2}+\sqrt{n})}{(\sqrt{n+2}+\sqrt{n})} = \dfrac{2}{\sqrt{n+2}+\sqrt{n}} \to 0$
(7) 分母と分子を n で割って, $\dfrac{\sqrt{2-\frac{1}{n}}}{\sqrt{1+\frac{1}{n^2}}+1} \to \dfrac{\sqrt{2}}{2}$

練習問題 9 の解答　　105

(8) $\dfrac{2(n+\sqrt{n^2+3n})}{(n-\sqrt{n^2+3n})(n+\sqrt{n^2+3n})} = -\dfrac{2}{3}\left(1+\sqrt{1+\dfrac{3}{n}}\right) \to -\dfrac{4}{3}$

(9) $n^2\left(1-\dfrac{2}{n}\right) \to \infty$　　(10) $n^2\left(\dfrac{5}{n}-3\right) \to -\infty$

(11) $\left(\dfrac{2}{4}\right)^n + \left(\dfrac{3}{4}\right)^n \to 0$　　(12) $\dfrac{\left(\frac{3}{5}\right)^n - 1}{\left(\frac{2}{5}\right)^n + 1} \to -1$

2. (1) 0 に収束　　(2) 発散　　(3) $\dfrac{2n-1}{n} \to 2$ より 2 に収束　　(4) $(-1)^{n-1}\dfrac{n+1}{n}$ で $\dfrac{n+1}{n} \to 1$ であるが, $(-1)^n$ は 1, -1 となり一定の値に収束しない. よって, この数列の極限はない.

3. (1) 公比が $-\dfrac{3}{2}$ の無限等比数列であるから発散する　　(2) 公比が $-\dfrac{1}{2}$ の等比数列であるから, 収束して和は $\dfrac{4}{1-(-\frac{1}{2})} = \dfrac{8}{3}$

(3) $S_n = \dfrac{1}{2}\left\{\left(1-\dfrac{1}{3}\right) + \left(\dfrac{1}{3}-\dfrac{1}{5}\right) + \cdots + \left(\dfrac{1}{2n-1} - \dfrac{1}{2n+1}\right)\right\}$
$= \dfrac{1}{2}\left(1 - \dfrac{1}{2n+1}\right) \to \dfrac{1}{2}$ であるから, 収束して和に $\dfrac{1}{2}$

4. (1) $\left|\dfrac{x}{2}\right| < 1$ より $|x| < 2$, 和は $\dfrac{2}{2-x}$　　(2) $|-3x| < 1$ より $|x| < \dfrac{1}{3}$, 和は $\dfrac{1}{1+3x}$

5. (1) $\displaystyle\sum_{n=0}^{\infty}\left(\dfrac{1}{3}\right)^n + \sum_{n=0}^{\infty}\left(\dfrac{2}{3}\right)^n = \dfrac{1}{1-\frac{1}{3}} + \dfrac{1}{1-\frac{2}{3}} = \dfrac{9}{2}$

(2) $\displaystyle\sum_{n=1}^{\infty}\left(\dfrac{3}{6}\right)^n + \sum_{n=1}^{\infty}\left(\dfrac{5}{6}\right)^n = \dfrac{\frac{1}{2}}{1-\frac{1}{2}} + \dfrac{\frac{5}{6}}{1-\frac{5}{6}} = 6$

6. (1) $\dfrac{7}{9}$　　(2) $\dfrac{53}{99}$

7. (1) 16　　(2) $\dfrac{(x-1)(x+2)}{x-1} = x+2 \to 3$　　(3) $\dfrac{(x+1)(x^2-x+1)}{x+1} = x^2-x+1 \to 3$　　(4) $\dfrac{(x-1)(x+5)}{(x-1)(x+1)} = \dfrac{x+5}{x+1} \to 3$　　(5) $\dfrac{2+\frac{2}{x}+\frac{1}{x^2}}{1+\frac{3}{x}+\frac{6}{x^2}} \to 2$

(6) $\dfrac{3x+\frac{1}{x}}{1+\frac{1}{x}} \to -\infty$　　(7) ∞　　(8) $x>0$ のとき, $\dfrac{x^2+x}{x} = x+1 \to 1$, $x<0$

のとき，$\dfrac{x^2+x}{-x} = -x-1 \to -1$ であるから，存在しない．

8. (1) 分子 $\to 0$ でなければならないので，$a+b+1=0$. $x-1$ で割った商は $x+(a+1)$ になるから，$1+(a+1)=4$. よって，$a=2, b=-3$.

(2) $\sqrt{x}=t$ とおく．$\dfrac{at^2+b}{t-1}$ の分子 $\to 0$ でなければならないので，$a+b=0$. 商は $at+a$ になるから，$2a=4$ すなわち $a=2, b=-2$.

9. $f(x)=(x-1)(x-2)(ax+b)$ とすれば，$-a-b=1, 2a+b=2$ であるから $f(x)=(x-1)(x-2)(3x-4)$

練習問題 10

1. (1) $x^{\frac{5}{2}}$ (2) $x^{\frac{4}{5}}$ (3) $(x^{\frac{1}{5}})^{\frac{1}{2}} = x^{\frac{1}{10}}$ (4) $x^{\frac{2}{3}+\frac{1}{2}} = x^{\frac{7}{6}}$ (5) $x^{\frac{1}{4}-1} = x^{-\frac{3}{4}}$ (6) $x^{\frac{2}{4}-\frac{1}{3}} = x^{\frac{1}{6}}$

2. (1) 5 (2) 2 (3) 27 (4) $(3^2)^{-\frac{3}{2}} = 3^{-3} = \dfrac{1}{27}$ (5) $(2^{-1})^{-2} = 2^2 = 4$ (6) 32 (7) $(3^2)^{\frac{2}{3}-\frac{1}{6}} = (3^2)^{\frac{1}{2}} = 3$ (8) $((0.5)^3)^{\frac{1}{3}} \times (2^4)^{\frac{3}{4}} = 4$ (9) $\dfrac{1}{3}$ (10) $\dfrac{1}{27}$ (11) $\dfrac{4}{3}$ (12) 18 (13) $\sqrt{2}$

3. (1) 10 (2) -4 (3) $\sqrt{5}$ (4) 49 (5) 9 (6) 12 (7) $\dfrac{2}{5}$ (8) $\dfrac{3}{2}$ (9) $\sqrt[6]{3}$ (10) 81 (11) 9

4. (1) a^4 (2) a^5 (3) $a^{\frac{1}{3}}$ (4) $a^{\frac{1}{4}}b^{\frac{1}{3}}$ (5) $a^{-1}b$ (6) $a^2 b^{-\frac{2}{3}}$ (7) $x - x^{-1}$

5. (1) それぞれ $2^{\frac{1}{2}}, 2^{\frac{5}{3}}, 2^{\frac{3}{2}}$ と書けるから，$\sqrt[3]{32} > \sqrt[4]{64} > \sqrt{2}$

(2) それぞれ $3^{-\frac{1}{2}}, 3^{-\frac{2}{3}}, 3^{-\frac{3}{4}}$ と書けるから，$\sqrt{\dfrac{1}{3}} > \sqrt[3]{\dfrac{1}{9}} > \sqrt[4]{\dfrac{1}{27}}$

6.

(1) [グラフ: y軸上で1を通り増加する指数関数]

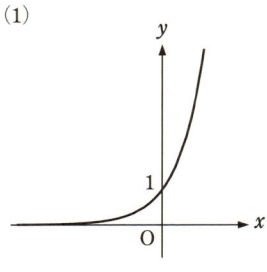

(2) [グラフ: y軸上で2を通り、$y=1$を漸近線とする曲線]

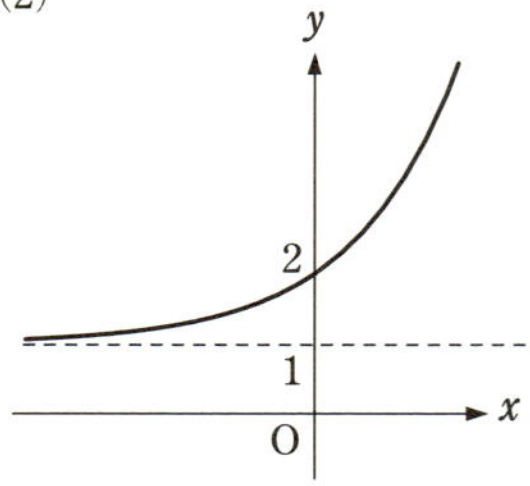

(3) [グラフ: y軸上で2を通り増加する指数関数]

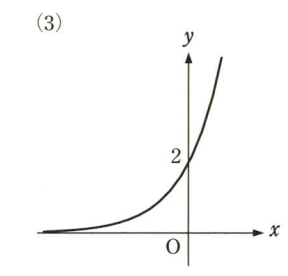

(4)　　　　　　　　(5)　　　　　　　　(6)

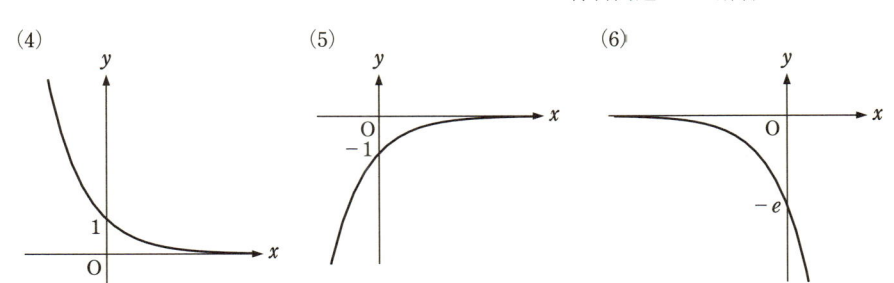

7. (1) $(2^3)^x = 2^{x+2}$ より $3x = x+2$, すなわち $x = 1$　(2) $2^{\frac{x}{2}} = 2^{-2}$ より $x = -4$
(3) $(3^{-2})^{2x+3} = 3$ より $-2(2x+3) = 1$, すなわち $x = -\frac{7}{4}$
(4) $(5^2)^x = 5^{6-x}$ より $2x = 6-x$, すなわち $x = 2$　(5) $2^x = X$ とおくと,
$X^2 - 5X + 4 = (X-1)(X-4) = 0$ より $2^x = 1, 4$, すなわち $x = 0, 2$

8. (1) $3^{2x-7} > 3^{-3}$ より $2x-7 > -3$, すなわち $x > 2$　(2) $3^{-x} < 3^3$ より
$x > -3$　(3) $3^x = X$ とおくと, $X^2 - 10X + 9 = (X-1)(X-9) \geqq 0$ よ
り $X = 3^x \leqq 1$, $X = 3^x \geqq 9$, すなわち $x \leqq 0, x \geqq 2$　(4) $2^x = X$ とお
くと, $8X^2 - 9X + 1 = (8X-1)(X-1) < 0$ より $\frac{1}{8} < X < 1$, すなわち
$2^{-3} < 2^x < 2^0$. よって, $-3 < x < 0$

9. (1) ∞　(2) 0　(3) $\frac{1}{x} = t$ とおくと, $\lim_{t \to 0} 2^t = 2^0 = 1$　(4) $\frac{1}{x} = -t$ とおく
と, $\lim_{x \to -0} 2^{\frac{1}{x}} = \lim_{t \to \infty} \frac{1}{2^t} = 0$　(5) 0　(6) $3^x \left(1 - \left(\frac{2}{3}\right)^x\right) \to \infty$
(7) $\left\{\left(1 + \frac{1}{x}\right)^x\right\}^{-1} \to e^{-1} = \frac{1}{e}$　(8) $\left(\frac{2}{5}\right)^x + \left(\frac{1}{15}\right)^x \to 0$　(9) $\frac{1}{x} = t$
とおくと, $\lim_{t \to \infty} \left(1 + \frac{1}{t}\right)^t = e$　(10) $\frac{1 + \frac{1}{2^{2x}}}{1 - \frac{1}{2^{2x}}} \to 1$

練習問題 11

1. (1) $\log_3 81 = 4$　(2) $\log_{16} 8 = \frac{3}{4}$　(3) $\log_{0.1} 100 = -2$　(4) $10^3 = 1000$
(5) $\left(\frac{1}{3}\right)^{-2} = 9$　(6) $\sqrt{5}^4 = 25$

2. 求める値を x とおく. (1) -2　(2) $\frac{2}{3}$　(3) -3　(4) $4^x = 8\sqrt{2}$ より $2^{2x} = 2^{\frac{7}{2}}$,
すなわち $x = \frac{7}{4}$. または, $\frac{\log 2^3 + \log 2^{\frac{1}{2}}}{\log 2^2}$ のように変形してもよい.

(5) $0.2^x = \dfrac{1}{\sqrt{5}}$ より $\left(\dfrac{1}{5}\right)^x = \left(\dfrac{1}{5}\right)^{\frac{1}{2}}$, すなわち $x = \dfrac{1}{2}$ (6) $\sqrt{7}^x = 49 = 7^2$ より $x = 4$

3. (1) 2   (2) 2   (3) $\log_2(2^3 \times 3) - \dfrac{\log_2 2^6}{\log_2 2^2} = 3 + \log_2 3 - 3 = \log_2 3$

(4) $\dfrac{\log_2 6}{\log_2 2} \times \dfrac{\log_2 4}{\log_2 6} = 2$ (5) $\dfrac{3\log 2}{\log 3} \times \dfrac{\log 3}{\log 5} \times \dfrac{2\log 5}{\log 2} = 6$

(6) $\dfrac{2\log 2}{\log 3} \div \dfrac{6\log 2}{2\log 3} = \dfrac{2}{3}$ (7) $\log_2 \dfrac{2\sqrt{3} \times 3}{3\sqrt{6}} = \log_2 \sqrt{2} = \dfrac{1}{2}$

(8) $\left(\dfrac{\log 3}{\log 2} + \dfrac{2\log 3}{2\log 2}\right)\left(\dfrac{3\log 2}{\log 3} + \dfrac{4\log 2}{2\log 3}\right) = 2\dfrac{\log 3}{\log 2} \times 5\dfrac{\log 2}{\log 3} = 10$

4. (1) $\dfrac{1}{uv}$ (2) $2(1 + uv + u)$ (3) $\dfrac{1 + 2uv}{1 + u}$

5. $3^2 > 2^3$ より $2\log 3 > 3\log 2$, すなわち $\dfrac{3}{2} < \dfrac{\log 3}{\log 2} = \log_2 3 = \dfrac{2\log 3}{2\log 2} = \log_4 9$. $3^3 > 5^2$ からも同様に, $\dfrac{3}{2} > \log_9 25$.   (1) $\log_3 2 < \log_4 8 < \log_2 3$

(2) $\log_9 25 < \dfrac{3}{2} < \log_4 9$.

6. (1) $3\log_{10} 2 + \log_{10} 3 = 1.3801$ (2) $4\log_{10} 3 - (\log_{10} 2 + \log_{10} 10) = 0.6074$

(3) $\dfrac{1}{2}(\log_{10} 3 - \log_{10} 10 + \log_{10} 2) = -0.11095$

7. (1) 両辺の対数をとる. $B = (2A - 1)\log_2 3 - 1$ (2) $x = \log_2(y^2 - 1)$

(3) $y = \dfrac{x - 98}{100}$

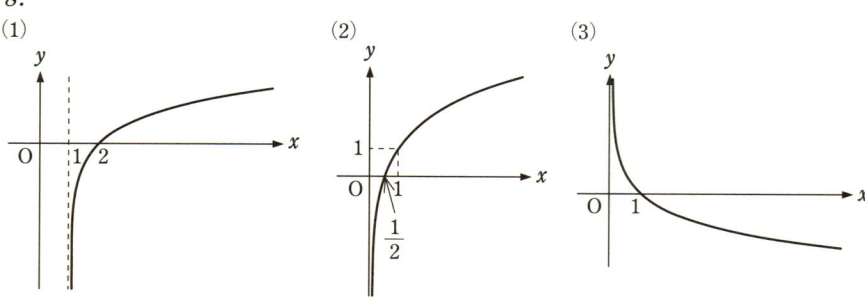

8.

(1)

(2)

(3)

練習問題 11 の解答　109

(4)　(5) 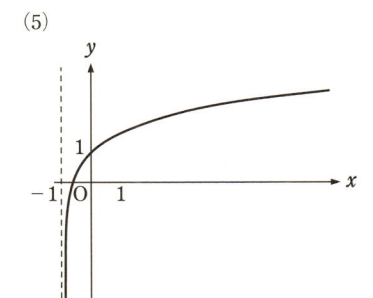　(6)

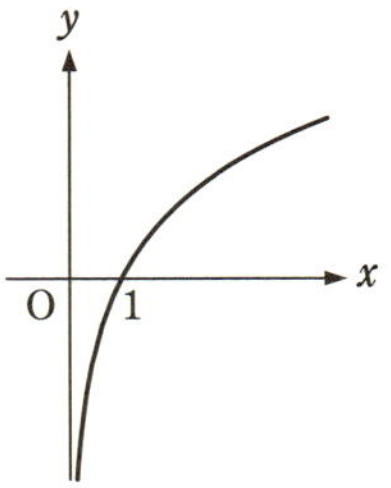

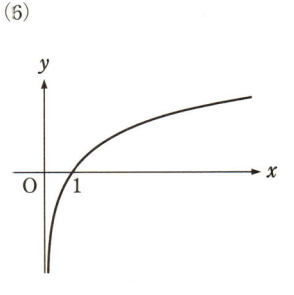

9. (1) $2^3 = x-1$ より $x = 9$　(2) $\left(\dfrac{1}{2}\right)^{-3} = 2x+1$ より $x = \dfrac{7}{2}$

(3) $x^2 = 4(x+3)$, すなわち $(x+2)(x-6) = 0$. $x > 0$ であるから $x = 6$

(4) $(x-2)(x+4) = 16$, すなわち $(x-4)(x+6) = 0$. $x > 2$ であるから $x = 4$

10. (1) $1 < x < 4$　(2) $2-x \leqq \dfrac{1}{2}$, $2-x > 0$ より $\dfrac{3}{2} \leqq x < 2$

(3) $3x-1 < 2(x+1)$, $3x-1 > 0$ より $\dfrac{1}{3} < x < 3$　(4) $\log_3 \dfrac{2}{x} \geqq \log_3(x+1)$ より $x^2 + x - 2 \leqq 0$, $x > 0$. よって, $0 < x \leqq 1$

11. (1) $xy = x(15-3x) = -3\left(x - \dfrac{5}{2}\right)^2 + \dfrac{75}{4}$ から, 最大値 $\log_{10} \dfrac{75}{4}$ $\left(x = \dfrac{5}{2}, y = \dfrac{15}{2}\right.$ のとき$\left.\right)$, 最小値なし　(2) 最大値 $\dfrac{9}{8}$ $\left(x = 2^{\frac{3}{4}}, y = 2^{\frac{3}{2}}\right.$ のとき$\left.\right)$, 最小値 0 $(x = 1, y = 8$ および $x = 2\sqrt{2}, y = 1$ のとき$)$

12. (1)　(2)

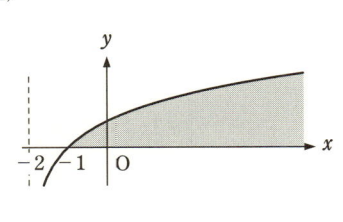

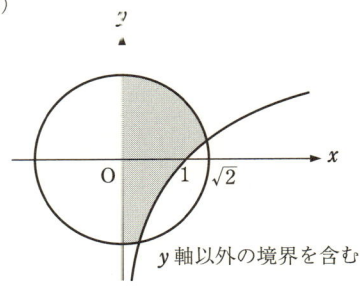

y 軸以外の境界を含む

13. (1) $y = \log x$ のグラフから $\log \dfrac{1}{x} = -\log x \to \infty$　(2) $-\log x \to -\infty$

(3) ∞　(4) $\log \dfrac{2x+1}{x} \to \log 2$　(5) $\dfrac{1}{x} = t$ とおくと, $\dfrac{1}{x}\log(1+x) = \log(1+x)^{\frac{1}{x}} = \log\left(1 + \dfrac{1}{t}\right)^t \to \log e = 1$ $(t \to \infty)$　(6) $e^x - 1 = t$ とおくと, (5) から $\dfrac{e^x - 1}{x} = \dfrac{t}{\log(1+t)} \to 1$ $(t \to 0)$

練習問題 12

1. (1) $\dfrac{\pi}{18}$ (2) $\dfrac{5}{6}\pi$ (3) $\dfrac{10}{9}\pi$ (4) $-\dfrac{5}{18}\pi$ (5) $18°$ (6) $216°$ (7) $105°$ (8) $12°$

2. (1) $-\dfrac{\sqrt{3}}{2}$ (2) $\dfrac{\sqrt{2}}{2}$ (3) $-\dfrac{\sqrt{3}}{2}$ (4) $-\dfrac{\sqrt{2}}{2}$ (5) $-\sqrt{3}$ (6) 1 (7) $\dfrac{1}{2}$ (8) $\dfrac{1}{2}$ (9) -1

3. すべて半角公式から求まるが,ここでは (1), (2), (3) は加法定理を使った.

(1) $\sin\dfrac{\pi}{12} = \sin\left(\dfrac{\pi}{3} - \dfrac{\pi}{4}\right) = \dfrac{\sqrt{6}-\sqrt{2}}{4}$ (2) $\cos\dfrac{7}{12}\pi = \cos\left(\dfrac{\pi}{4} + \dfrac{\pi}{3}\right) = \dfrac{\sqrt{2}-\sqrt{6}}{4}$ (3) $\tan\dfrac{5}{12}\pi = \tan\left(\dfrac{\pi}{6} + \dfrac{\pi}{4}\right) = \dfrac{\sqrt{3}+1}{\sqrt{3}-1} = 2+\sqrt{3}$

(4) $\sin^2\dfrac{\pi}{8} = \dfrac{1-\cos\dfrac{\pi}{4}}{2} = \dfrac{2-\sqrt{2}}{4}$ から,$\sin\dfrac{\pi}{8} = \dfrac{\sqrt{2-\sqrt{2}}}{2}$

(5) $\cos^2\dfrac{\pi}{8} = \dfrac{1+\cos\dfrac{\pi}{4}}{2} = \dfrac{2+\sqrt{2}}{4}$ から,$\cos\dfrac{\pi}{8} = \dfrac{\sqrt{2+\sqrt{2}}}{2}$

4. (1) $(\sin\theta - \cos\theta)^2 = 1 - 2\sin\theta\cos\theta$ から $\sin\theta\cos\theta = \dfrac{4}{9}$ (2) $\pm\dfrac{\sqrt{17}}{3}$

(3) $\dfrac{\sin\theta}{\cos\theta} + \dfrac{\cos\theta}{\sin\theta} = \dfrac{1}{\sin\theta\cos\theta} = \dfrac{9}{4}$

5. 順に $\dfrac{4}{9}\sqrt{5}$, $-\dfrac{1}{9}$, $\dfrac{1}{\sqrt{6}}$, $\sqrt{\dfrac{5}{6}}$

6. (1) $\tan$ の加法定理を用いて,$\tan(\alpha+\beta) = \dfrac{\dfrac{1}{2}+\dfrac{1}{3}}{1-\dfrac{1}{2}\times\dfrac{1}{3}} = 1$. $0 < \alpha+\beta < \pi$ であるから,$\alpha+\beta = \dfrac{\pi}{4}$. (2) $\sin\alpha = \dfrac{5\sqrt{3}}{14}$, $\sin\beta = \dfrac{4\sqrt{3}}{7}$, になるから $\cos$ の加法定理を用いて,$\cos(\alpha+\beta) = -\dfrac{1}{2}$. $0 < \alpha+\beta < \pi$ であるから,$\alpha+\beta = \dfrac{2}{3}\pi$.

7. (1) $\tan\left(\dfrac{\pi}{2}+\theta\right) = \tan\left(\dfrac{\pi}{2}-(-\theta)\right) = \dfrac{1}{\tan(-\theta)}$ ($\tan$ の定義から)

(2) $\cos(\theta+2\theta) = \cos\theta\cos 2\theta - \sin\theta\sin 2\theta = \cos\theta(2\cos^2\theta - 1) - 2\sin^2\theta\cos\theta = \cos\theta(4\cos^2\theta - 3)$ (3) $\dfrac{1-\cos\theta}{\sin\theta} = \dfrac{2\sin^2\dfrac{\theta}{2}}{2\sin\dfrac{\theta}{2}\cos\dfrac{\theta}{2}}$, $\dfrac{\sin\theta}{1+\cos\theta} = \dfrac{2\sin\dfrac{\theta}{2}\cos\dfrac{\theta}{2}}{2\cos^2\dfrac{\theta}{2}}$

(4) 通分する

8. $\cos^2 \dfrac{x}{2} = \dfrac{1}{1+\tan^2 \dfrac{x}{2}}$, $\cos x = 2\cos^2 \dfrac{x}{2} - 1$, $\sin x = 2\tan\dfrac{x}{2}\cos^2\dfrac{x}{2}$ を用いる.

9. $\dfrac{\alpha+\beta}{2} = x$, $\dfrac{\alpha-\beta}{2} = y$ として, $\sin\alpha = \sin(x+y)$ などに加法定理.

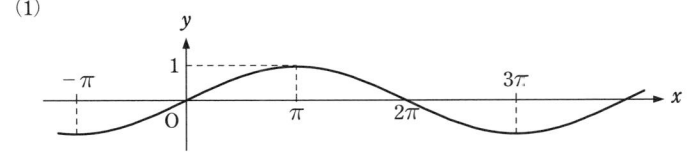

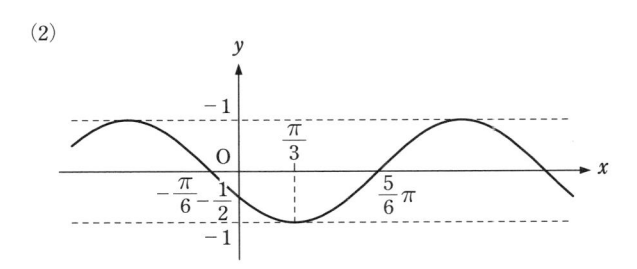

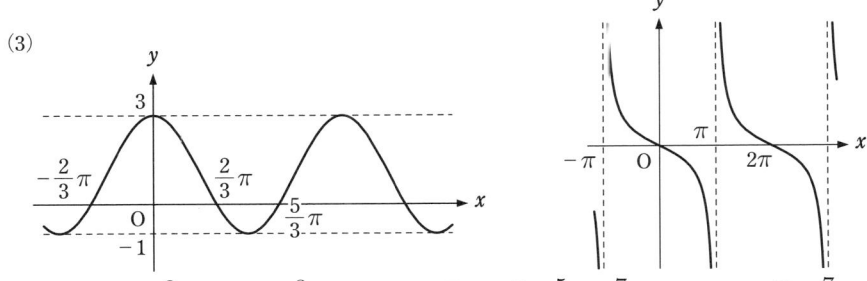

10. (1)

(2)

(3)

(4)

11. (1) $\dfrac{\pi}{3}$, $\dfrac{2}{3}\pi$ (2) $\pm\dfrac{3}{4}\pi$ (3) $x + \dfrac{\pi}{2} = \dfrac{\pi}{3}$, $\dfrac{5}{3}\pi$, $\dfrac{7}{3}\pi$ より $x = -\dfrac{\pi}{6}$, $\dfrac{7}{6}\pi$, $\dfrac{11}{6}\pi$ (4) $2x = \dfrac{\pi}{3}$ より $x = \dfrac{\pi}{6}$ (5) グラフを利用して, $x = \dfrac{\pi}{4}$

(6) $\cos 2x = 1 - 2\sin^2 x$ を用いれば, $\sin x(1 - 2\sin x) = 0$ となり $\sin x = 0$, $\dfrac{1}{2}$.
よって, $x = 0$, $\dfrac{\pi}{6}$, $\dfrac{5}{6}\pi$, π

12. グラフを利用する. (1) $\dfrac{\pi}{6} \leqq x \leqq \dfrac{5}{6}\pi$ (2) $\dfrac{\pi}{8} < x < \dfrac{\pi}{4}$, $\dfrac{3}{4}\pi < x < \dfrac{7}{8}\pi$

(3) $2\sin x \cos x \geqq \cos x$ から, $\cos x(2\sin x - 1) \geqq 0$, すなわち $\cos x \geqq 0$, $\sin x \geqq$

$\dfrac{1}{2}$ または $\cos x \leqq 0$, $\sin x \leqq \dfrac{1}{2}$. よって, $\dfrac{\pi}{6} \leqq x \leqq \dfrac{\pi}{2}$, $\dfrac{5}{6}\pi \leqq x \leqq \pi$

13. $\sin x = X$ とおく. (1) $-X^2 + X + 1 = -\left(X - \dfrac{1}{2}\right)^2 + \dfrac{5}{4}$ $(-1 \leqq X \leqq 1)$ の最大最小を調べる. 最大値は $\dfrac{5}{4}$ $\left(x = \dfrac{\pi}{6}, \dfrac{5}{6}\pi\text{のとき}\right)$, 最小値は -1 $\left(x = \dfrac{3}{2}\pi\text{のとき}\right)$

(2) $2X^2 + 2X - 1 = 2\left(X + \dfrac{1}{2}\right)^2 - \dfrac{3}{2}$ $(-1 \leqq X \leqq 1)$ の最大最小を調べる. 最大値は 3 $\left(x = \dfrac{\pi}{2}\text{のとき}\right)$, 最小値は $-\dfrac{3}{2}$ $\left(x = \dfrac{7}{6}\pi, \dfrac{11}{6}\pi\text{のとき}\right)$

14. $OA = 1$ として, $\triangle OAB = \dfrac{1}{2}\sin\theta$, 扇形 $OAB = \dfrac{1}{2}\theta$, $\triangle OAC = \dfrac{1}{2}\tan\theta$ であるから, $\sin\theta < \theta < \dfrac{\sin\theta}{\cos\theta}$. この 3 つの辺を $\sin\theta$ で割って, 逆数にすると $1 > \dfrac{\sin\theta}{\theta} > \cos\theta$ (この不等式は $-\dfrac{\pi}{2} < \theta < 0$ でも成り立つ)

15. (1) $\dfrac{2}{3}$ (2) $\dfrac{\sin 5x}{5x} \times \dfrac{2x}{\sin 2x} \times \dfrac{5}{2} \to \dfrac{5}{2}$ (3) $\dfrac{\sin 2x}{x} + \dfrac{\sin 3x}{x} \to 2 + 3 = 5$

(4) $\dfrac{(\cos x - 1)(\cos x + 1)}{x^2(\cos x + 1)} = -\left(\dfrac{\sin x}{x}\right)^2 \dfrac{1}{\cos x + 1} \to -\dfrac{1}{2}$

(5) $\dfrac{\sin 2x}{\sin x}\cos x \to 2$ (6) $0 \leqq \left|x\sin\dfrac{1}{x}\right| = |x|\left|\sin\dfrac{1}{x}\right| \leqq |x|$ より 0 になる.

練習問題 13

1. (1) $\dfrac{1}{h}\left(\dfrac{1}{x+h} - \dfrac{1}{x}\right) = \dfrac{x - (x+h)}{hx(x+h)} = \dfrac{-1}{x(x+h)} \to -\dfrac{1}{x^2}$

(2) $\dfrac{\sqrt{x+h} - \sqrt{x}}{h} = \dfrac{x+h-x}{h(\sqrt{x+h} + \sqrt{x})} = \dfrac{1}{\sqrt{x+h} + \sqrt{x}} \to \dfrac{1}{2\sqrt{x}}$

2. (1) $2x - 1$ (2) $15x^2 + 4$ (3) $-3x^3 + x - 6$ (4) $1 + 2x^{-3}$

(5) $(x^3 + x^2 + 2x)' = 3x^2 + 2x + 2$ (6) $(x^3 + x)' = 3x^2 + 1$ (7) $\dfrac{3}{2\sqrt{x}} + \sqrt{3}$

(8) $\dfrac{1}{3}x^{-\frac{2}{3}}$ (9) $1 - \dfrac{3}{5}x^{-\frac{2}{5}}$ (10) $-x^{-\frac{3}{2}} - 1 + \dfrac{3}{4}x^{-\frac{1}{4}}$

3. (1) $5x^4 - 12x^2 + 2x$ (2) $16x^3 - 15x^2 + 4$ (3) $-9(5 - 3x)^2$

(4) $-\dfrac{4}{3}(2x + 5)^{-\frac{5}{3}}$ (5) $(6x + 1)(x + 1)^4$ (6) $\dfrac{5}{2}x\sqrt{x} - \dfrac{3}{2}\sqrt{x} + \dfrac{3}{2\sqrt{x}}$

(7) $x^{-\frac{2}{3}} + 2x^{-\frac{1}{3}} + 1$ (8) $\dfrac{5}{2}x\sqrt{x} + 2x + \dfrac{1}{\sqrt{x}}$ (9) $-\dfrac{4x}{(x^2 - 3)^3}$

(10) $-\dfrac{3x^2 + 2x - 3}{(x^2 + 1)^2}$ (11) $\left(\sqrt{x} - \dfrac{1}{\sqrt{x}}\right)' = \dfrac{1}{2\sqrt{x}}\left(1 + \dfrac{1}{x}\right)$

練習問題 14 の解答   113

(12) $x(1-x^2)^{-\frac{3}{2}}$ (13) $x^2(x-1)(12x^2-13x+3)$ (14) $-\dfrac{1}{(1+x)^2}\sqrt{\dfrac{1+x}{1-x}}$

4. (1) $6x-6$ (2) $\dfrac{8}{(2x+1)^3}$ (3) $-\dfrac{1}{4}(x-1)^{-\frac{3}{2}}$ (4) $-\dfrac{2}{9}x^{-\frac{5}{3}}$

(5) $6(x^2+2)(5x^2+2)$ (6) $12x^2-24x-4$

5. (1) $1-2yy'+y'=0$ から $y'=\dfrac{1}{2y-1}$ (2) $y+xy'+1+y'=0$ から

$y'=-\dfrac{y+1}{x+1}$ (3) $\dfrac{1}{2\sqrt{x}}+\dfrac{y'}{2\sqrt{y}}=0$ から $y'=-\sqrt{\dfrac{y}{x}}$

(4) $3x^2-3y-3xy'+3y^2y'=0$ から $y'=\dfrac{x^2-y}{x-y^2}$

6. (1) $\dfrac{dx}{dt}=2,\ \dfrac{dy}{dt}=6t^2$ から $\dfrac{dy}{dx}=\dfrac{dy}{dt}\bigg/\dfrac{dx}{dt}=3t^2$ (2) $\dfrac{dx}{dt}=-2t^{-3}$,

$\dfrac{dy}{dt}=4t-1$ から $\dfrac{dy}{dx}=-\dfrac{1}{2}t^3(4t-1)$

練習問題 14

1. (1) e^x-2x (2) $\dfrac{5}{x}+4$ (3) $-2xe^{-x^2+1}$ (4) $3\cos\left(3x-\dfrac{\pi}{3}\right)$

(5) $\dfrac{1}{2}\left(\cos\dfrac{x}{2}-\sin\dfrac{x}{2}\right)$ (6) $\dfrac{1}{x}+2e^{2x}$ (7) $\dfrac{e^x}{1+e^x}$ (8) $2^x\log 2+2x$

(9) $\left(\dfrac{\log(2x+1)}{\log 10}\right)'=\dfrac{2}{(2x+1)\log 10}$ (10) $\dfrac{3(\log x)^2}{x}$ (11) $\dfrac{\sin x}{(1+\cos x)^2}$

(12) $\left(\dfrac{\cos x}{\sin x}\right)'=-\dfrac{1}{\sin^2 x}$ (13) $e^{3x+2}(3x+1)$ (14) $2x\log(x^2+4)+$

$\dfrac{2x^3}{x^2+4}$ (15) $\sin(3x-2)\{\sin(3x-2)+6x\cos(3x-2)\}$

(16) $e^x\left(\tan x+\dfrac{1}{\cos^2 x}\right)$ (17) $-\dfrac{\sin 2x}{\sqrt{\cos 2x}}$ (18) $\dfrac{x+2x\sqrt{x^2+1}}{x^2+1+x^2\sqrt{x^2+1}}$

(19) $\dfrac{1}{x^2}\left(\sin\dfrac{1}{x}-\cos\dfrac{1}{x}\right)$ (20) $\dfrac{2}{(\cos x-\sin x)^2}$

2. (1) $\log y=3\log x+\log(x+1)-2\log(x-2)$, $\dfrac{y'}{y}=\dfrac{3}{x}+\dfrac{1}{x+1}-\dfrac{2}{x-2}$ か

ら $y'=\dfrac{x^2(2x^2-7x-6)}{(x-2)^3}$ (2) $\log y=\dfrac{1}{3}\{5\log x-2\log(x+1)\}$, $\dfrac{y'}{y}=$

$\dfrac{3x+5}{3x(x+1)}$ から $y'=\dfrac{3x+5}{3(x+1)}\sqrt[3]{\dfrac{x^2}{(x+1)^2}}$ (3) $\log y=x\log x$, $\dfrac{y'}{y}=$

$\log x+1$ から $y'=x^x(\log x+1)$ (4) $y'=(\sin x)^x\left\{\log(\sin x)+\dfrac{x}{\tan x}\right\}$

3. (1) $-\dfrac{1}{x^2}$ (2) $-9\cos 3x$ (3) $e^x(x+2)$ (4) $\dfrac{2\sin x}{\cos^3 x}$
   (5) $e^x\{\cos(e^x+1) - e^x\sin(e^x+1)\}$ (6) $-2e^{-x}\cos x$

4. (1) $x<0$ のとき, $(\log(-x))' = \dfrac{1}{-x}(-x)' = \dfrac{1}{x}$

5. (1) $y' = 3e^x - 2e^{-x}$, $y'' = 3e^x + 2e^{-x}$ (2) $y' = 2\cos x + \sin x + 6x$, $y'' = -2\sin x + \cos x + 6$ (3) $y' = -2e^{-x}\sin x$, $y'' = 2e^{-x}(\sin x - \cos x)$

6. (1) $\dfrac{1}{x} = e^y y'$ から $y' = \dfrac{1}{xe^y} = \dfrac{1}{x\log x}$ (2) $1 = \dfrac{y'}{\cos^2 x}$ から $y' = \cos^2 y = \dfrac{1}{1+\tan^2 y} = \dfrac{1}{1+x^2}$

7. (1) $\dfrac{dx}{dt} = 1 - \cos t$, $\dfrac{dy}{dt} = \sin t$ から $\dfrac{dy}{dx} = \dfrac{\sin t}{1 - \cos t}$. 同様にして,
   (2) $\dfrac{2}{3\tan t}$ (3) $-4\sin t$ (4) $-\tan t$

8. 近似式は $f'(0) = \lim\limits_{h\to 0}\dfrac{f(h)-f(0)}{h}$ からわかる. (1) $f(h) = \sqrt[3]{1+h} \fallingdotseq 1 + \dfrac{h}{3}$,
   $\sqrt[3]{997} = 10\sqrt[3]{1-\dfrac{3}{1000}} \fallingdotseq 10\left(1 + \dfrac{1}{3}\left(\dfrac{-3}{1000}\right)\right) = 9.990$
   (2) $f(h) = \log(1+h) \fallingdotseq \log 1 + h = h$, $\log 1.01 = 0.010$
   (3) $f(h) = \sin\left(\dfrac{\pi}{6}+h\right) \fallingdotseq \dfrac{1}{2} + h\cos\dfrac{\pi}{6}$, $\sin 31° = \sin\left(\dfrac{\pi}{6}+\dfrac{\pi}{180}\right) \fallingdotseq \dfrac{1}{2} + \dfrac{\sqrt{3}\pi}{360} = 0.515$

練習問題 15

1. (4), (5), (6), (8), (9) は展開する (カッコをはずす). (1) $-x^3$ (2) $-\dfrac{1}{2x^2}$
   (3) $x^3 - \dfrac{5}{2}x^2 + 2x$ (4) $\dfrac{1}{3}x^3 - x^2$ (5) $\dfrac{2}{3}x^3 - \dfrac{3}{2}x^2 - 2x$
   (6) $\dfrac{4}{3}x^3 + 2x^2 + x$ $\left(\dfrac{(2x+1)^3}{6}\text{でもよい. 定数だけ異なる}\right)$ (7) $\dfrac{1}{5}(x+1)^5$
   (8) $\dfrac{2}{5}x^{\frac{5}{2}} + \dfrac{1}{2}x^2$ (9) $\dfrac{2}{7}x^{\frac{7}{2}} + \dfrac{2}{3}x^{\frac{3}{2}}$

2. (1) e^{x+2} (2) $-e^{-x}$ (3) $\dfrac{x^3}{3} + \sin x$ (4) $x - \dfrac{1}{2}\cos 2x$
   (5) $-2\log|\cos x| + 3\cos x$

3. (1) $\displaystyle\int (e^x)'x\,dx = e^x x - \int e^x dx = (x-1)e^x$
   (2) $\displaystyle\int \left(\dfrac{x^2}{2}\right)'\log x\,dx = \dfrac{x^2}{2}\log x - \int \dfrac{x}{2}dx = \dfrac{x^2}{4}(2\log x - 1)$

(3) $\int (x)' \log(2x+1)\,dx = x\log(2x+1) - \int \dfrac{2x}{2x+1}\,dx = x\log(2x+1) - \int \left(1 - \dfrac{1}{2x+1}\right)dx = \left(x + \dfrac{1}{2}\right)\log(2x+1) - x$ (4) $\int x^2(-e^{-x})'\,dx = -x^2 e^{-x} + 2\int xe^{-x}\,dx = -x^2 e^{-x} + 2\int x(-e^{-x})'\,dx = -x^2 e^{-x} - 2xe^{-x} + 2\int e^{-x}\,dx = -e^{-x}(x^2 + 2x + 2)$ (5) $\int x^2(\sin x)'\,dx = x^2 \sin x - 2\int x\sin x\,dx = x^2 \sin x - 2\int x(-\cos x)'\,dx = x^2 \sin x + 2x\cos x - 2\int \cos x\,dx = x^2 \sin x + 2x\cos x - 2\sin x$ (6) $\int (e^x)' \sin x\,dx = e^x \sin x - \int e^x \cos x\,dx = e^x \sin x - \int (e^x)' \cos x\,dx = e^x \sin x - e^x \cos x - \int e^x \sin x\,dx$ より $\dfrac{e^x}{2}(\sin x - \cos x)$

4. (1) $3x + 2 = t$, $-\dfrac{1}{3(3x+2)}$ (2) $1 - 4x = t$, $-\dfrac{1}{6}(1-4x)^{\frac{3}{2}}$

(3) $\dfrac{3x-1}{2} = t$, $-\dfrac{2}{3}\cos\dfrac{3x-1}{2}$ (4) $2x + 1 = t$, $x = \dfrac{t-1}{2}$, $2\,dx = dt$ から $\dfrac{1}{4}\int \dfrac{t-1}{\sqrt{t}}\,dt = \dfrac{1}{4}\int (t^{\frac{1}{2}} - t^{-\frac{1}{2}})\,dt = \dfrac{\sqrt{t}}{6}(t - 3) = \dfrac{1}{3}(x-1)\sqrt{2x+1}$

(5) $1 - x^2 = t$, $-2x\,dx = dt$ から $-\dfrac{1}{2}\int \dfrac{dt}{\sqrt[3]{t}} = -\dfrac{3}{4}t^{\frac{2}{3}} = -\dfrac{3}{4}(1-x^2)^{\frac{2}{3}}$

(6) $3x + 1 = t$, $3\,dx = dt$, $x = \dfrac{t-1}{3}$ から, $\dfrac{1}{9}\int \dfrac{t-1}{t^3}\,dt = \dfrac{1}{9}\int (t^{-2} - t^{-3})\,dt = \dfrac{1 - 2t}{18t^2} = -\dfrac{6x+1}{18(3x+1)^2}$ (7) $\log x = t$, $\dfrac{dx}{x} = dt$ から $\int \dfrac{dt}{t} = \log|\log x|$ (8) $1 - \cos x = t$, $\sin x\,dx = dt$ から $\int \dfrac{dt}{t} = \log|1 - \cos x|$ (9) $x^2 = t$, $2x\,dx = dt$ から $\dfrac{1}{2}\int e^{-t}\,dt = -\dfrac{1}{2}e^{-x^2}$

5. (1) $\log|x+2|$ (2) $\int \left(1 - \dfrac{2}{x+2}\right)dx = x - 2\log|x+2|$

(3) $\int \left(x + \dfrac{1}{x} + \dfrac{1}{x^2}\right)dx = \dfrac{x^2}{2} + \log x - \dfrac{1}{x}$ (4) $\int \left(x - \dfrac{x}{x^2+1}\right)dx = \dfrac{x^2}{2} - \dfrac{1}{2}\int \dfrac{(x^2+1)'}{x^2+1}\,dx = \dfrac{x^2}{2} - \dfrac{1}{2}\log(x^2+1)$ (5) $\int \left(\sqrt{x} + \dfrac{1}{\sqrt{x}}\right)dx = \dfrac{2}{3}x^{\frac{3}{2}} + 2x^{\frac{1}{2}} = \dfrac{2}{3}\sqrt{x}(x+3)$ (6) $\dfrac{1}{2}\int \dfrac{(x^2+2x-1)'}{x^2+2x-1}\,dx = \dfrac{1}{2}\log|x^2+2x-1|$ (7) $\dfrac{1}{3}\int \dfrac{(x^3+1)'}{x^3+1}\,dx = \dfrac{1}{3}\log|x^3+1|$

(8) $\dfrac{1}{2}\int\left(\dfrac{1}{x}-\dfrac{1}{x+2}\right)=\dfrac{1}{2}\log\left|\dfrac{x}{x+2}\right|$ (9) $\int\left(\dfrac{1}{x}-\dfrac{x}{x^2+1}\right)=\log\dfrac{x}{\sqrt{x^2+1}}$ (10) $x+3=t$, $\int\dfrac{t-3}{t^2}dt=\log|x+3|+\dfrac{3}{x+3}$

6. (1) $\int\dfrac{1+\cos 2x}{2}dx=\dfrac{x}{2}+\dfrac{\sin 2x}{4}$ (2) $\int\left(\dfrac{1}{\cos^2 x}-1\right)dx=\tan x-x$ (3) $\cos x=t$, $\sin x\,dx=-dt$ から $\int(\sin^2 x)\times(\sin x\,dx)=\int(t^2-1)\,dt=\dfrac{1}{3}\cos^3 x-\cos x$ (4) $\cos x=t$, $\sin x\,dx=-dt$ から $\int\dfrac{\sin x}{\sin^2 x}dx=\int\dfrac{dt}{t^2-1}=\dfrac{1}{2}\int\left(\dfrac{1}{t-1}-\dfrac{1}{t+1}\right)dt=\dfrac{1}{2}\log\left|\dfrac{\cos x-1}{\cos x+1}\right|$ (5) $\dfrac{3^{x+1}}{\log 3}$ (6) $e^x=t$, $dx=\dfrac{dt}{t}$ から $\int\dfrac{dt}{(t+1)t}=\int\left(\dfrac{1}{t}-\dfrac{1}{t+1}\right)dt=\log\dfrac{t}{t+1}=x-\log(1+e^x)$

7. (1) $\dfrac{21}{2}$ (2) $\int_2^4(3x^2+x)\,dx=62$ (3) $\int_{-1}^1(x^3+x^2-3x-3)\,dx=-\dfrac{16}{3}$ (4) $\dfrac{15}{32}$ (5) $\dfrac{9}{2}$ (6) $9-\sqrt{3}$ (7) $\log 3$ (8) $\int_0^1\left(x^2-x+3-\dfrac{4}{x+1}\right)dx=\dfrac{17}{6}-4\log 2$ (9) $x+1=t$, $\int_1^2(t^{\frac{3}{2}}-t^{\frac{1}{2}})\,dt=\dfrac{4+4\sqrt{2}}{15}$ (10) $\int_{-1}^2(e^{2x}+e^{-2x}+2)\,dx=\dfrac{1}{2}(e^4+e^2-e^{-4}-e^{-2}+12)$ (11) $\int_0^{\frac{\pi}{4}}(1+\sin 2x)\,dx=\left[x-\dfrac{1}{2}\cos 2x\right]_0^{\frac{\pi}{4}}=\dfrac{\pi}{4}+\dfrac{1}{2}$ (12) 部分積分法を2度使って，$\left[-x^2\cos x+2x\sin x+2\cos x\right]_0^{\frac{\pi}{2}}=\pi-2$

8. (1) $\left[-\dfrac{1}{1+x}\right]_2^\infty=\dfrac{1}{3}$ (2) $\int_1^\infty(x^{-4}+x^{-3})\,dx=\left[-\dfrac{1}{3x^3}-\dfrac{1}{2x^2}\right]_1^\infty=\dfrac{5}{6}$ (3) $\int_1^\infty\left(\dfrac{1}{x}-\dfrac{1}{x+1}\right)dx=\left[\log\dfrac{x}{x+1}\right]_1^\infty=\left[\log\dfrac{1}{1+\frac{1}{x}}\right]_1^\infty=\log 1-\log\dfrac{1}{2}=\log 2$ (4) $\left[\dfrac{1}{2}e^{2x}\right]_{-\infty}^1=\dfrac{e^2}{2}-\dfrac{1}{2}\lim_{x\to\infty}e^{-2x}=\dfrac{e^2}{2}$ (5) $\left[-\dfrac{1}{2}e^{-x^2}\right]_0^\infty=\dfrac{1}{2}$ (6) 部分積分法より，$\left[-xe^{-x}\right]_0^\infty+\left[-e^{-x}\right]_0^\infty=1$

9. (1) $\dfrac{8}{3}$ (2) $\log 5$ (3) $[-\log\cos x]_{\frac{\pi}{6}}^{\frac{\pi}{3}}=-\log\dfrac{1}{2}+\log\dfrac{\sqrt{3}}{2}=\dfrac{1}{2}\log 3$ (4) $2\log 2-1$ (5) 1 (6) この定積分は半径2の円の半分（半円）の面積を表

すから，円の面積の公式を使えば 2π

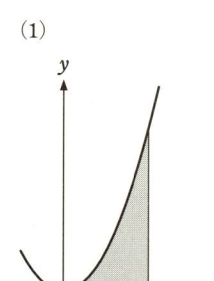

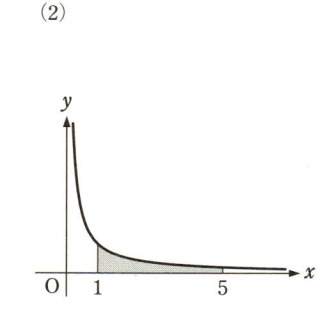

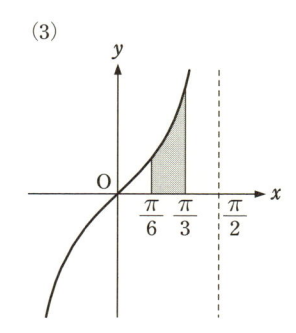

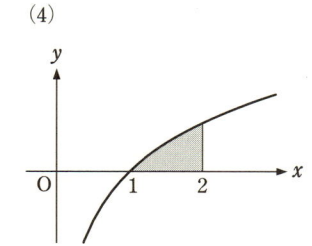

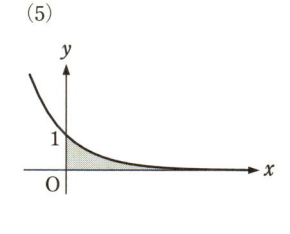

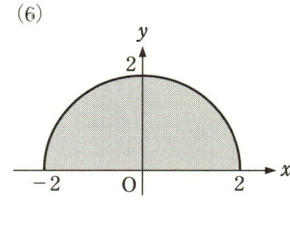

(1) (2) (3)

(4) (5) (6)

10. (1) $f(x) = \int \dfrac{1-\cos 4x}{2} dx = \dfrac{x}{2} - \dfrac{1}{8}\sin 4x + C$, $f(\pi) = \dfrac{\pi}{2}$ から $C = 0$. よって，$f(x) = \dfrac{1}{2}\left(x - \dfrac{1}{4}\sin 4x\right)$

(2) 置換積分 $(x^2 + 1 = u)$ で $f(x) = \dfrac{1}{3}\left((x^2+1)^{\frac{3}{2}} - 1\right)$

(3) $f(x) = -x^3 + 3x^2 + 2x - 1$　　(4) $f(x) = \dfrac{1}{2}e^{-x}(\sin x - \cos x) + 1$

練習問題 16

1. (1) $-3\sqrt{2}i$　(2) $-i$　(3) $8i$　(4) $10i$　(5) $\dfrac{1}{2} + \dfrac{1}{2}i$　(6) 0　(7) i

(8) $\sqrt{3}i \times \sqrt{5}i + \dfrac{4}{\sqrt{2}i} = -\sqrt{15} - 2\sqrt{2}i$　(9) $(2-5i)(1+2i) = 12 - i$

(10) $14 + 26i$　(11) 通分して $\dfrac{2}{5}$　(12) $-\dfrac{7}{26} + \dfrac{17}{26}i$

2. (1) $8 - 3i$　(2) $5 - 5i$　(3) $-\dfrac{1}{10} + \dfrac{7}{10}i$　(4) $2(2-i) - 3(1+3i) = 1 - 11i$

(5) $(2+i)(1+3i)^2 = -22 + 4i$　(6) $\dfrac{(2-i)^2(1-3i)}{(2+i)(2-i)} = -\dfrac{9}{5} - \dfrac{13}{5}i$

118　練習問題の解答

3. $i(x+i)^2 = -2x + (x^2-1)i$ が実数であることから, $x = \pm 1$

4. (1) 1　(2) $|5+4i|^2 = 5^2+4^2 = 41$　(3) $|1+i|^4 = \sqrt{2}^4 = 4$　(4) $|-i||1+2i| = \sqrt{5}$　(5) $|2i||2+3i||4-i|^2 = 34\sqrt{13}$　(6) $\dfrac{|3+i|}{|1+3i|} = \dfrac{\sqrt{10}}{\sqrt{10}} = 1$

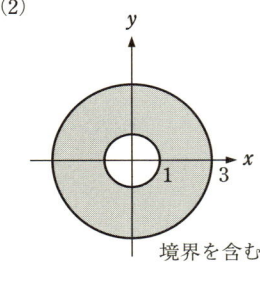

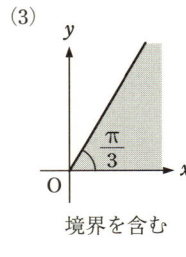

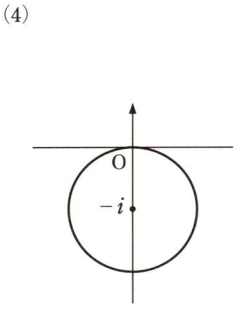

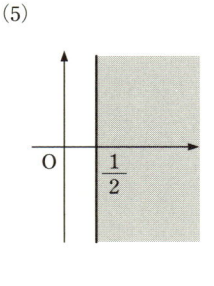

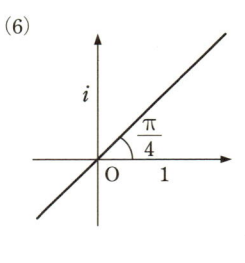

5. (1) $2a+3b+(a+b)i = 7+3i$ より $2a+3b = 7$, $a+b = 3$. よって, $a = 2$, $b = 1$.
(2) $3a - ai = 3 - b + 4i$ より $a = -4$, $b = 15$　(3) $(2a+3b) + (3a-2b)i = 26$ より $a = 4$, $b = 6$　(4) $a^2 - 4b + a^2 b + (3a - 4ab)i = 2a$ より $a^2 - 4b + a^2 b = 2a$, $3a - 4ab = 0$. よって $b = \dfrac{3}{4}$, $a = 2, -\dfrac{6}{7}$

6. (1) (2) (3) (4) (5) (6)

境界を含む　境界を含む

7. (1) $\cos\dfrac{3\pi}{2} + i\sin\dfrac{3\pi}{2}$　(2) $2\left(\cos\dfrac{\pi}{4} + i\sin\dfrac{\pi}{4}\right)$　(3) $\sqrt{5}(\cos\pi + i\sin\pi)$
(4) $\cos\dfrac{11\pi}{6} + i\sin\dfrac{11\pi}{6}$　(5) $(1+\sqrt{3}i)^2 = \left\{2\left(\cos\dfrac{\pi}{3} + i\sin\dfrac{\pi}{3}\right)\right\}^2$
$= 4\left(\cos\dfrac{2\pi}{3} + i\sin\dfrac{2\pi}{3}\right)$　(6) $3(-1+i) = 3\sqrt{2}\left(\cos\dfrac{3\pi}{4} + i\sin\dfrac{3\pi}{4}\right)$

8. (1) $\dfrac{47}{11} + \dfrac{10\sqrt{2}}{11}i$　(2) (1) より $z + \dfrac{1}{z} = \dfrac{36}{11} + \dfrac{10\sqrt{2}}{11}i$, $z^2 + z^{-2} = \left(z + \dfrac{1}{z}\right)^2 - 2 = \dfrac{854}{121} + \dfrac{720\sqrt{2}}{121}i$　(3) $z + \overline{z} = 6$, $z\overline{z} = 11$ より, z は2次方程式 $z^2 - 6z + 11 = 0$ の解になるから, $z^2 - 6z + 15 = 4$　(4) $z^3 - 7z^2 + 18z - 11 =$

$(z-1)(z^2 - 6z + 11) + z$ より, $z^3 - 7z^2 + 18z - 11 = z = 3 + \sqrt{2}i$.

9. $x = 1 + 2i$ を方程式に代入して整理すると, $2a + b = 1$, $-3a + b = 21$. よって $a = -4$, $b = 9$. 他の解は $x^3 - 4x^2 + 9x - 10 = (x - 2)(x^2 - 2x + 5) = 0$ より $2, 1 - 2i$. (共役複素数 $\overline{(1 + 2i)} = 1 - 2i$ も解になることがわかる).

10. (1) $z = r^3(\cos 3\theta + i \sin 3\theta) = \cos \dfrac{\pi}{2} + i \sin \dfrac{\pi}{2}$ より, $r = 1$, $3\theta = \dfrac{\pi}{2} + 2\pi k$ $(k = 0, 1, 2)$, すなわち $\theta = \dfrac{\pi}{6}, \dfrac{5\pi}{6}, \dfrac{3\pi}{2}$. よって, 解は $\dfrac{\sqrt{3}}{2} + \dfrac{1}{2}i$, $-\dfrac{\sqrt{3}}{2} + \dfrac{1}{2}i$, $-i$ (2) $r = 2$, $\theta = \dfrac{\pi}{4}, \dfrac{3}{4}\pi, \dfrac{5}{4}\pi, \dfrac{7}{4}\pi$ になるから, 4個の解は $\pm\sqrt{2} \pm \sqrt{2}i$.

11. $\dfrac{1 + \sqrt{3}i}{1 + i} = \dfrac{(1-i)(1 + \sqrt{3}i)}{(1-i)(1+i)} = (1-i)\left(\dfrac{1 + \sqrt{3}i}{2}\right)$ を極形式で表す. 与式の右辺 $= \sqrt{2}\left\{\cos\left(\dfrac{\pi}{3} - \dfrac{\pi}{4}\right) + i \sin\left(\dfrac{\pi}{3} - \dfrac{\pi}{4}\right)\right\} = \sqrt{2}\left(\cos\dfrac{\pi}{12} + i \sin\dfrac{\pi}{12}\right)$ となるから, $\cos\dfrac{\pi}{12} = \dfrac{1 + \sqrt{3}}{2\sqrt{2}}$, $\sin\dfrac{\pi}{12} = \dfrac{\sqrt{3} - 1}{2\sqrt{2}}$

索　引

あ　行

1次関数, 21
1次不等式, 24
因数定理, 10
因数分解, 9
n 乗, 47
n 乗根, 47

か　行

階乗, 37
関数のグラフ, 21
共役複素数, 84
極形式, 86
極限, 41, 43
極限値, 41, 43
虚数単位, 84
組み立て除法, 10
原始関数, 76
公差, 35
合成関数の微分, 68
公比, 35
弧度法, 57

さ　行

3角関数, 58
3角関数の加法定理, 62
指数, 47
指数関数, 48, 50
指数法則, 47
自然対数, 54

自然対数の底, 54
収束, 41, 43
準線, 27
焦点, 27, 29, 31
常用対数, 54
剰余定理, 5
初項, 35
真数, 52
数列, 35
積分, 76
漸近線, 31
双曲線, 31

た　行

対数, 52
対数関数, 53
対数微分法, 73
楕円, 29
多項式, 1
置換積分法, 78
定積分, 80
導関数, 66
等差数列, 35
等比数列, 35
ド・モアブルの公式, 86

な　行

2項係数, 2, 37
2項定理, 38
2次関数, 21
2次曲線, 33

2次導関数, 69

は　行

パスカルの3角形, 2
発散, 41, 44
微分, 66
微分係数, 66
複素数, 84
複素数の絶対値, 85
複素平面, 85
不定積分, 76
部分積分法, 78
部分分数展開, 16
分数式, 14
分配法則, 1
べき, 47
偏角, 85
放物線, 21, 27

ま　行

無限級数, 42
無限級数の和, 42
無限等比級数, 42

や　行

ユークリッドの互除法, 6

ら　行

ラジアン, 57

硲野 敏博（はだの としひろ）　名城大学理工学部

理工系の 基礎数学（りこうけい きそすうがく）

2007年10月30日　第1版　第1刷　発行
2022年2月25日　第1版　第7刷　発行

著　者　　硲野 敏博
発行者　　発田 和子
発行所　　株式会社　学術図書出版社

〒113-0033　東京都文京区本郷5丁目4の6
TEL 03-3811-0889　　振替　00110-4-28454
　　　　　　　印刷　三松堂印刷(株)

定価は表紙に表示してあります．

本書の一部または全部を無断で複写（コピー）・複製・転載することは，著作権法でみとめられた場合を除き，著作者および出版社の権利の侵害となります．あらかじめ，小社に許諾を求めて下さい．

Ⓒ 2007　T. HADANO　Printed in Japan
ISBN978-4-87361-698-8　C3041